U0380172

"十三五"国家重点研发计划课题（2019YFD1100904）

传统村落活态化保护利用建筑设计图集

Atlas of Architectural Design for the Active Protection and Utilization of Traditional Villages

张玫英　徐小东　吴锦绣　等著

东南大学出版社
SOUTHEAST UNIVERSITY PRESS
·南京·

内容提要

本书针对环太湖地区不同级别、类型的传统村落民居建筑的更新改造与活化利用，基于其呈现的传统营建技艺、生产生活特征以及绿色官居要求，从不同层级系统构建了适应于该地区地域环境与气候条件的传统民居建筑现代适用模式与功能优化提升的多元路径与技术方法，提供了可资参考的传统民居建筑活态化保护利用单体设计案例集。

本书立论新颖，技术路线合理，内容翔实，理论与实践应用并重，适合于城市规划、建筑学、风景园林等相关领域的专业人士、建设管理者阅读，亦可为高等院校相关专业师生提供参考。

图书在版编目（CIP）数据

传统村落活态化保护利用建筑设计图集 / 张玫英等
著 . — 南京：东南大学出版社，2024.12
（传统村落活态化保护利用丛书 / 徐小东主编）
ISBN 978-7-5766-0504-4

Ⅰ .①传… Ⅱ .①张… Ⅲ .①村落 – 乡村规划 – 建筑
设计 – 江苏 – 图集 Ⅳ .① TU982.295.3–64

中国版本图书馆 CIP 数据核字（2022）第 242861 号

责任编辑：孙惠玉　　　责任校对：子雪莲
封面设计：王玥　　　　责任印制：周荣虎

传统村落活态化保护利用建筑设计图集
Chuantong Cunluo Huotaihua Baohu Liyong Jianzhu Sheji Tuji

著　　者：张玫英　徐小东　吴锦绣 等
出版发行：东南大学出版社
出 版 人：白云飞
社　　址：南京四牌楼 2 号　　　邮编：210096
网　　址：http：//www.seupress.com
经　　销：全国各地新华书店
排　　版：南京凯建文化发展有限公司
印　　刷：南京迅驰彩色印刷有限公司
开　　本：787 mm × 1 092 mm　1/16
印　　张：13.5
字　　数：437 千
版　　次：2024 年 12 月第 1 版
印　　次：2024 年 12 月第 1 次印刷
书　　号：ISBN 978-7-5766-0504-4
定　　价：69.00 元

张玫英，女，山西运城人。东南大学建筑学院副教授，瑞典皇家理工访问学者，国家一级注册建筑师。主要从事住宅及绿色建筑设计等方向的教学、研究与实践工作。参编 3 部专业教材编写，出版著作 3 部，指导学生参加设计竞赛多次获奖，完成工程设计 30 余项，曾获国际建筑协会（UIA）建筑设计竞赛奖 1 项，获国家或省部级教学、科研与设计一等奖、三等奖等 6 项。

徐小东，男，江苏宜兴人。东南大学建筑学院教授、博士生导师，建筑系副主任，香港中文大学、劳伦斯国家实验室访问学者，兼任中国建筑学会建筑遗产数字化保护专委会副主任委员、城市设计分委会理事、地下空间分委会理事、中国城市规划学会绿色建筑与节能委员会委员等。主要从事城市设计理论、传统村落保护与利用的教学、科研与实践工作。主持完成"十二五"国家科技支撑计划课题 1 项、主持在研"十三五"国家重点研发计划课题 1 项、主持或参与完成国家自然科学基金 6 项。在国内外学术刊物上发表论文 110 余篇，出版著作 8 部，参编教材 2 部。相关成果获国家或省部级教学、科研与设计一等奖、二等奖等 30 余项。

吴锦绣，女，安徽安庆人。东南大学建筑学院教授、博士生导师，哈佛大学设计学院访问学者（2006—2007 年），住房和城乡建设部绿色建筑评价标识专家，江苏省一、二星级绿色建筑评价标识专家，中国建筑学会绿色校园学组委员，中国民族建筑研究会专家会员，国家自然科学基金通讯评审专家，国际建筑研究与创新协会会员。主要从事绿色建筑、人本尺度的城市设计、景观规划设计等领域的研究和实践工作。主持完成和在研国家自然科学基金项目 3 项，为主参与 3 项，主持在研"十三五"国家重点研发计划项目子课题 1 项，为主参与国家科技部"十一五"科技支撑项目 1 项，发表论文 50 余篇，出版著作 5 部，参编教材 2 部。

目录

总序

华夏文明绵延千年的文化源脉、气候地貌、风土人情，孕育了中华广袤大地上丰富多姿的传统村落，其深厚的文化底蕴与价值内涵既是现代人记住乡愁、守望家园的重要载体，亦是留存传统文化基因的重要社会空间。改革开放以来，我国城镇化进程显著提升，城市人口快速增长，城市的快速集聚与扩张对传统村落空间的发展产生了重要影响。在此期间，乡村与城市之间不仅经历了空间层面的不断更迭与转换，而且发生了人口资源、生产资料、生态环境等要素的持续迁移与流转，使得传统村落的可持续发展面临日益严峻的挑战。

当下我国传统村落普遍存在人口空心化、老龄化，乡村空间日益破败的现实问题，更为棘手的是我国地缘辽阔，地域文化、传统民居建筑差异性大，经济发展也不平衡。长期以来传统村落的保护利用研究大都基于一种片面的、静态化保护的认知观点，在实践过程中出现不少困难与阻力，导致传统村落保护与当代经济社会发展持续断层，效果并不理想。传统村落的保护利用需要不断地"活态"造血，与时俱进，与新的发展需求、技术路径与运作机制相结合，走向整体保护协同发展的现代适用模式。因此，如何运用建筑学、城乡规划学、风景园林学、社会学的前沿专业知识与技术，以综合全局的视角提出应对方法，有效统筹生产空间，合理布局生活空间，严格保护生态空间，通过适宜性技术和方法实现传统村落的"三生"（生产、生活、生态）融合发展是目前亟待解决的关键问题。

基于此，本丛书依托"十三五"国家重点研发计划课题"传统村落活态化保护利用的关键技术与集成示范"（课题编号：2019YFD1100904），针对环太湖区域不同级别、类型的传统村落的生产方式、生活方式、生态系统及其空间设施的差异性活态化要求，进行"历史价值—现状遗存—未来潜力"的匹配分析与组合评判，探讨"三生"融合发展视角下与"整体格局（含公共空间）—民居建筑—室内环境"三层级相适配的传统村落活态化保护利用的多元路径。上述探索涵盖了传统建筑营建技艺、民居内装工业化技术、传统村落活态化保护规划技术、民居建筑活态化设计范式等多个主题。

主题一即传统民居内装工业化技术与应用研究，探索了当代工业化技术对传统村落民居建筑的结构性再认识，甄别了建筑文化表皮与建筑内部功能空间在活态保护中的不同角色，提出了一种"最小介入"的传统民居建筑活化改造模式，力求建造可行、成本可控，为传统民居建筑适应新的生产、生活需求提供了技术范式。

主题二即传统村落活态化保护利用规划设计图集，针对环太湖地区不同级别、类型的传统村落的基本现状和空间布局，提出了与之相适应的活态化策略，呈现了活态化保护规划的技术原理与上下联动的长效管理机制，并阐述了涵盖传统村落历史遗产保护利用、宜居功能优化、绿色性能提升等内容的传统村落活态化保护利用的层级化、历时性多元路径及其技术。

主题三即传统村落活态化保护利用建筑设计图集，面向环太湖地区传统村落展现了传统民居建筑中具体的生产、生活特征，并表征为相应的建筑空间形式，从不同层级探索传统民居建筑的现代适用模式与功能优化提升设计方法及其应用，构建了符合地域环境与气候条件、满足当代生活和生产需求、绿色宜居要求的传统民居单体设计案例库。

在乡村振兴的战略导向下，本丛书针对当前传统村落"凝冻式"保护利用存在的现实问题，一方面从"三生"融合视角对传统村落活态化保护利用展开研究，强化传统村落保护利用与新的营建技艺、工业技术、市场规律紧密结合；另一方面从不同层级入手，重点就微观层面的材料、工法、建造技艺传承，到民居建筑的宜居功能优化与绿色性能提升，再到整体村落格局的规划引导、建设管控进行探索，明晰传统村落活态化保护利用的重点在于整体考虑新老村落的内在关联及其代际传承与发展，聚焦地域性绿色宜居营建经验的在地性转化与现代提升等关键技术及其应用体系研究，逐步形成一体化的活态化保护利用理论、方法与关键技术。

总体而言，本丛书以"三生"融合的多维视野，明确了传统村落活态化保护利用的重要意义、关键问题及其总体目标与思路，探索了传统村落活态化保护利用的层级化多元路径及内在机理，初步构建了"三位一体"的活态化保护利用理论及"上下联动"的作用反馈与实施机制。丛书中所介绍的技术体系与实践探索，可为我国不同地域典型传统村落的活态化保护利用与现代传承营建的新方法、新技术和新实践探索提供理论基础和技术支撑。

这套丛书得以顺利出版，首先要感谢东南大学出版社的徐步政先生和孙惠玉女士，他们不但精心策划了"十二五"国家科技支撑计划课题资助的"美丽乡村工业化住宅与环境创意设计丛书"，而且鼓励我们继续结合"十三五"国家重点研发计划课题编写"传统村落活态化保护利用丛书"。在乡村振兴的国家战略背景下，我们深感传统村落的活态化保护利用研究责任重大、意义深远，遂迅速组织实施该计划。今后一段时间，这套丛书将陆续出版，恳请各位读者在阅读该丛书时能及时反馈，提出宝贵意见与建议，以便我们在丛书后续出版前加以吸收与更正。

徐小东

2022 年 3 月

前言

在传统村落领域，近年来相关研究大都基于一种客观存在和静态保护的认知理论，在一定程度上导致传统村落缺乏活力、村民获得感差的问题。2017年，王建国院士等提出，建筑文化遗产并非静态"凝冻"的事物，倡导遗产保护的多样性和创造的多样性并重[1]。2018年，国家提出乡村振兴战略，在此背景下乡村建设的相关理论研究和模式架构需要摆脱原有"静态的"研究视角和保护模式，转向一种"整体的"和"动态的"认识观，进而从"活态化"视角重新审视传统村落的保护利用问题。

本图集中的活态化保护利用既重视"三生"融合视角下传统村落物质空间的整体保护，又重视时间维度下非物质文化的活态传承与传统村落的渐进发展，目标是使得传统村落保护利用与村民日常生活相互促进，增强村民的幸福感和获得感，使得传统村落发展获得持续的内生动力。

环太湖地区通常系指以苏州为核心，涵盖无锡和常州，及其下辖的宜兴、常熟、昆山和太仓等县级市[2]，该地区自然条件优渥，素有"鱼米之乡"的美誉，历来就是中国最为富庶的地区之一。环太湖地区传统建筑的历史文化水准卓越，"香山帮"[3]便是这一地区建筑技艺的杰出代表。但同时，和我国其他地区的传统村落一样，环太湖地区传统村落也面临着基础设施条件较差、房屋年久失修、居住环境不佳的问题，加之产业发展动力缺乏、大量年轻人流向城市也使得传统村落的"老龄化"和"空心化"现象愈发明显，活态化保护利用的任务已经迫在眉睫。

环太湖地区内建筑在建筑风貌和细部构造上有许多相似之处，经常被称为苏式风格。但是各个地区在建筑形态上仍呈现一定的差异性，形成地域性的建筑风格。环太湖地区属亚热带季风气候，雨量充沛，气候特点是冬冷夏热，以每年6月、7月"梅雨"季最为潮湿多雨，加之环太湖地区经济发达、人多地少的聚落特点，民居布局相当紧凑，形成窄开间、长进深、多进天井的封闭式建筑布局。以建筑（厅堂楼）与天井组成的一个小院落为一进，是民居的基本单元。通过单元的串接并联，产生灵活多变的民居布局形式。因河道水系发达，有些建筑虽仅有一个开间，纵深却达到数十米。这种布局使各户均可占据一段河岸或街巷，在紧凑利用土地的同时又获得了水陆交通的方便。而较高的居住密度也使得民居大量采用楼房，形成较大的建筑体量，也影响到街巷的尺度。基于气候因素，传统民居通常利用天井和内外弄堂形成纵横腔体来解决采光和通风问题，形成苏锡常民居建筑外实内虚、空间通透的特点。天井、巷弄本身是解决建筑微气候问题的手段，也成为建筑最具有特色的空间场所[3]。此外，传统建筑在结构、材料和构造上也都注重防潮和通风，以便更好地应对江南多雨潮湿的气候。

环太湖地区有着深厚的历史人文传统，吴越文化具有秀慧、柔和、细腻的特点，这在建筑审美上多有体现，建筑往往色彩淡雅、尺度宜人、装饰考究。粉墙黛瓦是这一地区传统建筑的典型形象。在建筑技术层面，香山帮工匠体系促进了该区域建筑形式的传承与延续。香山帮技艺精巧，建筑精致、机巧，成为地区建筑技艺的代表。

本图集从"三生"融合视野出发，展开对于环太湖区域传统村落典型案例的深入调研与综合评价，形成相应的保护利用策略，并结合历时性路径确定各个阶段的具体内容。通过对建筑的历史价值、建筑技艺、与环境的关系、保存现状以及保护利用价值等因素的梳理和量化分析，根据评价的量化得分形成包括保护优先、传承优先和发展优先在内的多样化策略，用以指导不同类型单体建筑的改造更新；此外，通过建筑空间、环境、立面和传统建筑技艺的类型化梳理，从不同层面探索传统民居建筑的现代适用模式与功能优化提升设计方法及其应用，构建符合地域环境与气候条件、满足当代生活生产需求、绿色宜居要求的传统民居单体设计案例库。

在本图集的编写过程中得到东南大学建筑学院师生的大力支持，感谢课题组王海宁、王伟、李新建、徐宁、李海清等诸位教授的长期参与和悉心指导。2019级、2020级、2021级研究生，2017级本科生参与了"十三五"国家重点研发计划课题"传统村落活态化保护利用的关键技术与集成示范"所展开的环太湖地区传统村落调研与活态化保护设计及研究工作；硕士研究生陈瑾、王涵等完成了该书内容的梳理及版式试排等工作。东南大学出版社的徐步政先生、孙惠玉女士给予了热忱的帮助和支持。对于以上各位及未能一一列出的关心和支持者，在此呈上衷心的感谢！

本书的编写难免存在错误与不足之处，敬请各位同行和读者提出宝贵意见，以便今后在修编工作中进一步改正和优化。

张玫英

2022 年 5 月

参考文献

［1］许旸，杨越童. 让历史建筑"活化性再生"［EB/OL］.（2017-04-12），
　　［2021-04-08］. http://dzb.whb.cn/html/2017-04/12/content_543210.html.

［2］中华人民共和国住房和城乡建设部. 中国传统建筑解析与传承（江苏卷）
　　［M］. 北京：中国建筑工业出版社，2016.

［3］苏州园林发展股份有限公司，等. 苏州园林营造技艺［M］. 北京：中国建
　　筑工业出版社，2012.

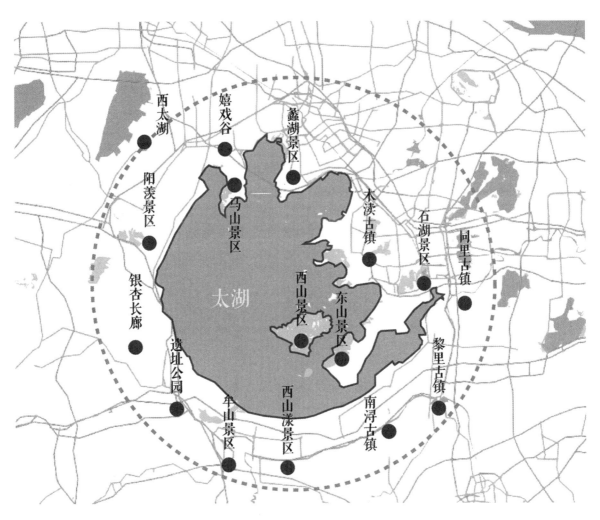

设计：吴正浩 徐欣荣 李 斐 陈洁颖 颜世钦 刘琦 李琴 陈瑾
整理：陈 瑾

传统村落是在长期的农耕文明传承过程中逐步形成的，它蕴含着丰富的历史与文化信息，是我国宝贵的文化遗产资源，也是不可再生的潜在旅游资源。2012 年，我国正式启动传统村落保护工作，截至 2021 年，先后公布了五批中国传统村落名录，共 6799 个村落被纳入保护范畴，传统村落保护利用已经成为政府及社会各界关注的热点问题之一，也是当下城市规划建设关注的前沿问题与实践热点。目前，传统村落保护工作虽已取得了不小的成绩，但由于相关理论积累薄弱、村落现状错综复杂，村落保护面临着各种各样的问题。传统村落保护利用研究所沿用的片面的、静态化保护的认知观点，在实践过程中带来不少困难与阻力，效果并不理想，并呈现出明显的"极化"现象：其一是注重遗产"躯壳"，而忽视原有文化内涵的"凝冻式"保护；其二是过于追求经济价值，文化挪移较严重的过度开发式保护。这两种极端化方式的保护严重影响了传统村落的保护与可持续发展。

基于此，在乡村振兴的背景下，在"十三五"国家重点研发计划课题"传统村落活态化保护利用的关键技术与集成示范"的研究中，提出了传统村落"活态化"保护利用的概念。冯骥才认为，古村落是物质和非物质文化遗产的总和，是需要保持活态化的。他指出"活态化保护"应注重恢复文化和生活，传承村落精神价值，而不是仅仅对村落建筑表面的修缮。本课题对"活态化保护利用"的理解是，在充分认识文化的独特价值、尊重文化和内涵、保护传统的要素、空间和形式的基础上，构建新的生产关系，利用该地区文化资源禀赋和特色优势增加产业附加值，使传统要素和现代功能有机结合，传统文化得以延续传承，村落可持续发展。

作为课题研究成果的一部分，本图集以环太湖地区江苏宜兴市周铁镇周铁传统村、苏州市吴中区东山镇陆巷古村、苏州市吴中区金庭镇堂里古村三个传统村落为例，基于"三生"（生产、生活、生态）融合发展的思想，从单体建筑的层级出发展开设计研究，提出初步设想，研究传统村落活态化保护利用的路径、机理与方法。借此促进传统村落保护利用研究从传统的"凝冻式"向系统的、动态的"活态化"保护利用模式转型，促使传统村落保护与新的发展利用有机结合。

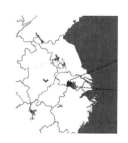

江苏省

宜兴市

周铁镇

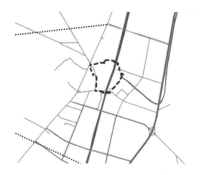

周铁传统村

周铁传统村区位示意

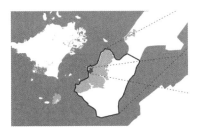

东山镇

陆巷古村

陆巷古村区位示意

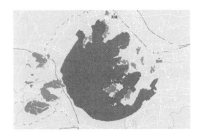

西山岛

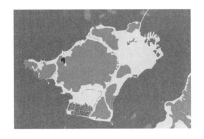

堂里古村

堂里古村区位示意

在单体建筑层级上，环太湖地区内建筑文化特色同质而稳定。相同的文化背景，行政管辖和经济文化交流投射在建筑上，表现为相似的建造特征与形式细部做法，常称之为苏式风格。在统一的区域风格下，无锡和常州受苏州的辐射影响，又有自身的发展变化，在具体形态上也表现出相对的差异性。

本图集将建筑分类为公共建筑与民居建筑两个类型，其中公共建筑包含商业建筑、文化建筑和其他公共建筑，以不同类型建筑为例，针对每一具体建筑，采取不同的保护策略，在提高建筑质量、改善居民生活的同时，提升建筑的活力和发展潜能。同时，对于苏式风格中单体建筑的建造特征和形式细部的做法特点，也基于类型学的方法进行测绘、归纳与总结。如苏南特有的"香山帮"建筑风格特征，天井尺度及其物理性能研究，特色空间如檐廊、备弄等做法，木构架形制、做法及特征等，立面及屋面材质运用及物理性能等，在归纳总结的基础上，运用当代技术手段进行传承、发展与创新，践行于单体建筑的设计之中，以期为传统村落活态化保护利用作出贡献。

2 公共建筑活态化保护利用设计

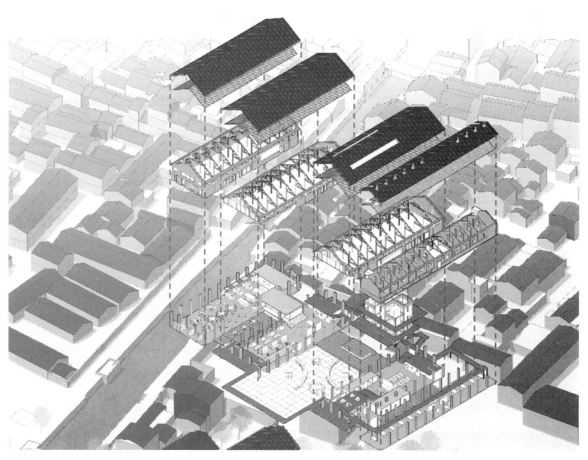

设计：白　雨　陈修桦　于新蕾　李孟睿　吴正浩　徐欣荣　李　斐　陈洁颖
　　　陈　洋　卜笑天　袁　玥　吴　娱　侯扬帆　刘源科　汪宝丽　徐利明
　　　王菁睿　李常红　陶叶康　范静哲　乔　畅　张雨秋　岳小超　张婷婷
　　　李　盼　陆京京　罗淇桓　张聪慧　刘　琦　李　琴　李雨昕　李　珂
　　　陈　瑾

整理：罗淇桓　刘　琦　白　雨　徐欣荣　袁　玥　侯扬帆　王菁睿　王　涵
　　　李常红　范静哲　乔　畅　岳小超　张婷婷　李雨昕　李　珂　陈　瑾

2.1　商业建筑

2.1.1　周铁传统村南北街家具厂改造

方案设计：王菁睿、李常红、陶叶康

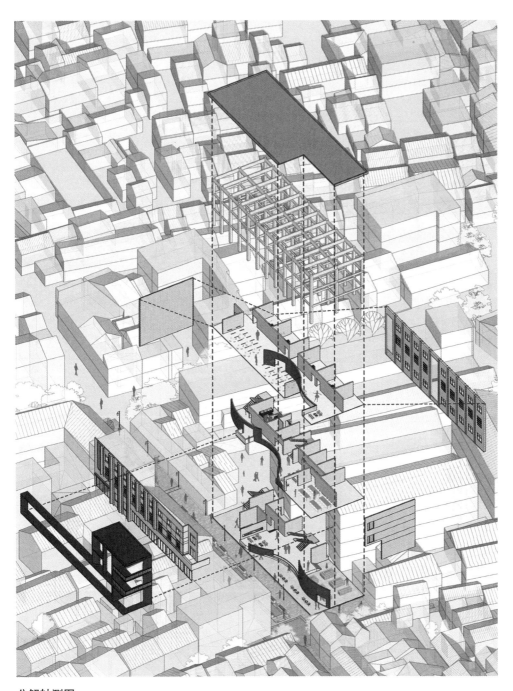

分解轴测图

区位示意

家具厂位于周铁传统村南北街与东西街的十字交叉口处，该厂南面有一老牌坊。现有一部分空间出租为仓储空间，其他空间供售卖家具和居住。

家具厂为框架结构，建于1980年代。横向开间为 3.6 m。该建筑共有三层，第三层为大空间，梁高较高，净高变低。

家具厂立面保存状态较好，立面材质主要为水磨石，其立面做法体现了 1980 年代的框架结构立面特质。

建筑为钢筋混凝土框架结构，第三层无中间柱，小柱距限制了大空间的设计，三层梁高较大，致使建筑第三层的净高变低

建筑结构

建筑立面及建筑装饰做法讲究，但立面竖向做法与建筑室内空间不符

建筑细部特点

建筑底层为高侧窗，二三层侧窗亮度分布均匀，但部分需要借助窗帘，否则太阳照射强烈，影响室内温度

建筑物理环境

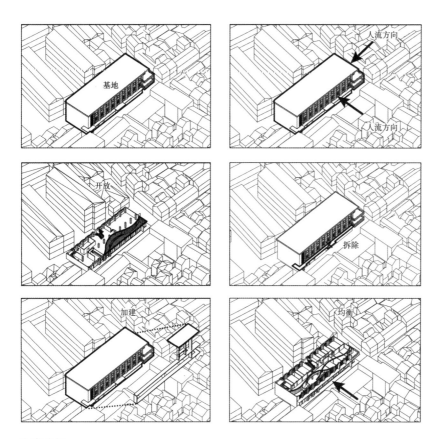

生成分析

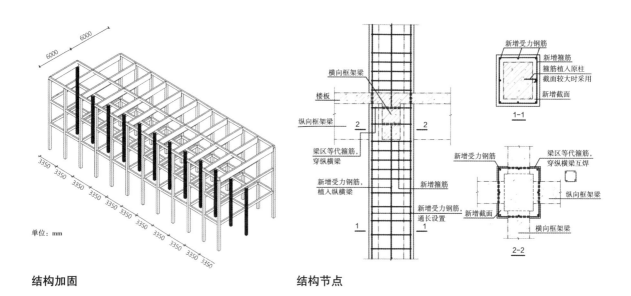

结构加固

结构节点

改造将一层设计为菜市场和家具售卖中心，二层为家具售卖部分，三层为办公服务功能。

在立面上，将一层对街道打开，插入新的铝板体系呼应建筑主入口。同时，尽可能保留原来的立面样式，做到新旧融合。

剖面上运用弧形呼应建筑入口，同时创造出具有向心性的入口休息空间。

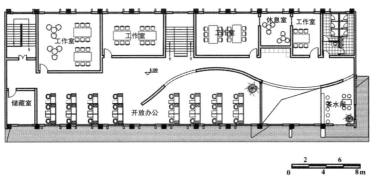

三层平面图

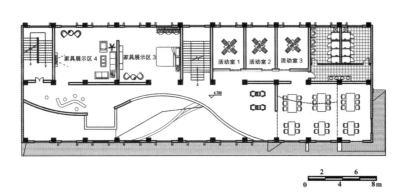

二层平面图

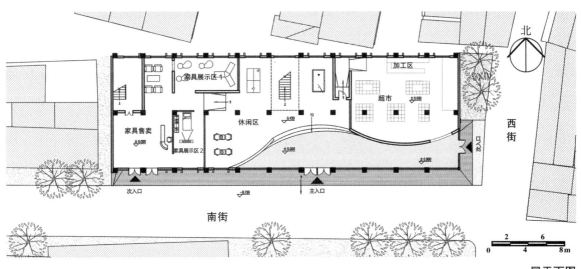

一层平面图

水磨石面层
20 厚水泥砂浆
100 厚 C15 素混凝土
150 厚碎石垫层
素土夯实

注：本图单位为 mm，全书下同。

剖透视图

2.1.2　周铁传统村南北街供销社改造

方案设计：王菁睿、李常红、陶叶康

旧时供销社的沿街部分为售卖功能，垂直于南北街方向往里走，为加工和仓储部分，镇上很多老人年轻的时候在供销社工作，供销社承载了他们的旧时记忆。

供销社解体后分成了几户人家，居民们为了满足使用需求，对供销社进行了加建，所以其采光存在一些问题。

分解轴测图

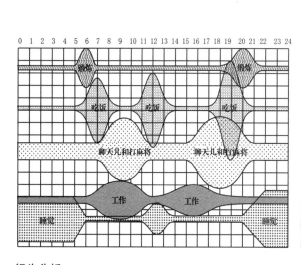

行为分析

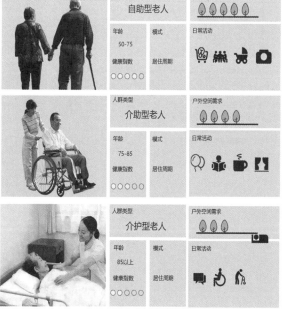

人群分析

近期改造平面图

中期改造平面图

近期改造：

（1）梳理建筑肌理，拆除加建部分；

（2）根据房屋权属关系，对房屋内部进行设计，改善建筑采光问题；

（3）公房、闲置房部分作为公共活动场所；

（4）采取"屋中屋"的处理方式，将厨房、卫生间等功能空间处理成模块，植入建筑中，提高建筑物理性能。

中期改造：

（1）将"自助型老人""介助型老人"和"介护型老人"在组团内自由组合（运转方式：熟人社会）；

（2）布置平面时考虑老人在同一时间的互助关系、视线关系；

（3）引入"时间银行"的概念，让老人之间形成良好的互助关系，吸引城里的老人因为环境良好来这里养老，维持养老民宿运转；

（4）以建筑内部堂屋、客厅作为最小的公共活动单元，再到日字型建筑组合内部小天井，最大的公共活动空间设在九宫格的中心，组织公共活动；

（5）沿街进一步增加室内公共活动场所。

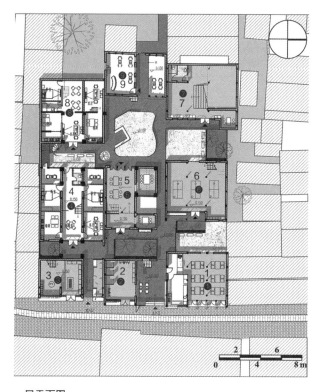

一层平面图

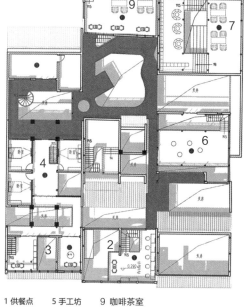

1 供餐点　　5 手工坊　　9 咖啡茶室
2 汉服店　　6 活动中心
3 工艺品店　7 学堂
4 民宿　　　8 自住房

二层平面图

远期改造平面图

供销社内部视线分析

供销社剖面

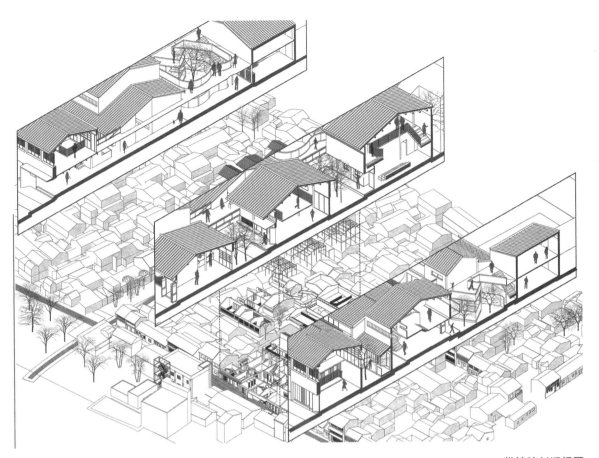

供销社剖透视图

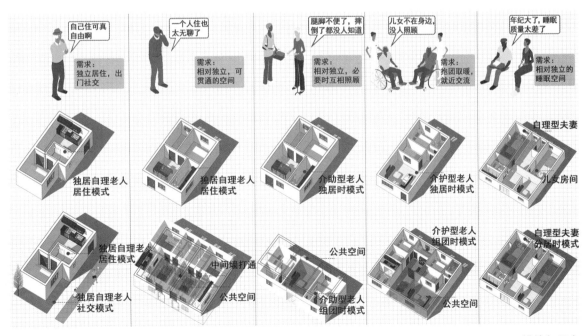

模块与组合

远期让旅游公司接管供销社，将部分功能置换成学堂、活动中心、手工坊，搭建老人与孩子、同龄人、游客之间的社会网络。

　　同时，用新旧两种材质区分老人与游客之间的关系，连廊引导游客流线，连接九宫格。

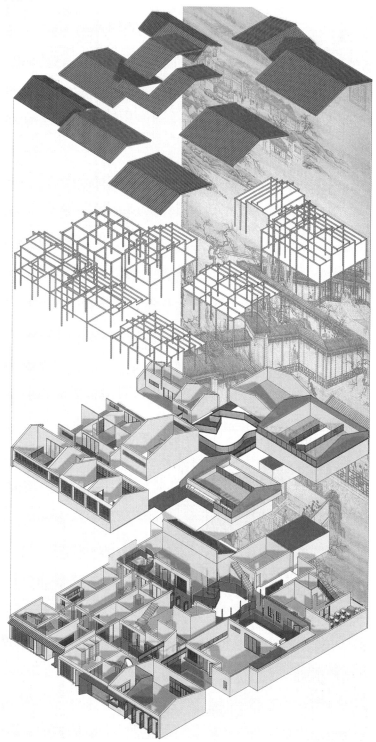

分解轴测图

供销社内庭院示意图

供销社售卖单元示意图

供销社汉服店示意图

供销社一层廊道示意图

供销社二层廊道示意图

供餐点示意图

供销社活动中心示意图

供销社学堂示意图

2.1.3　周铁传统村滨水餐厅改造

方案设计：岳小超、张婷婷、李盼、陆京京

滨水餐厅改造前为民居组团。建筑组团南侧为周铁老浴室，临水塔，东侧临横塘河，北侧曾经是戏剧表演场所。组团内还有一乡村公厕，风貌较差。改造前组团南部帆轩北部路段常有村民聚集，活力指数较高。现状民居组团由A、B、C、D四户组成，其中民居C常年闲置，民居D面积较小。民居A功能组织为中心式，从平面拓扑关系可以看出，建筑功能以堂屋为核心，堂屋统领其他功能空间。民居B功能组织为串联式，从平面拓扑关系可以看出，建筑功能由通过型空间——走道串联其他功能空间。

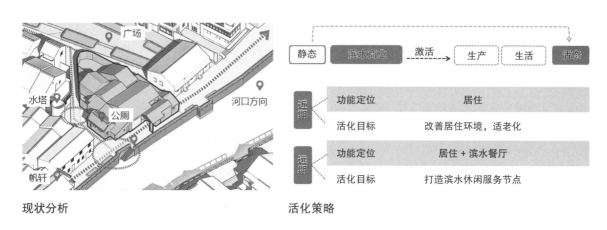

现状分析　　　　　　　　　　　　　　　　　活化策略

沿河效果图

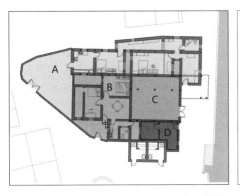

现状平面图

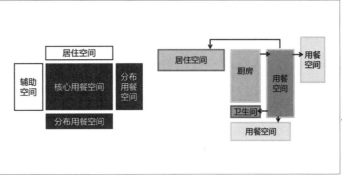

改造策略图

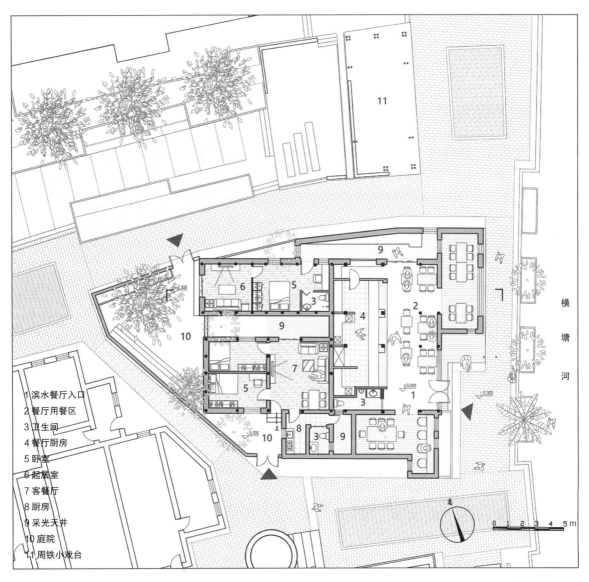

1 滨水餐厅入口
2 餐厅用餐区
3 卫生间
4 餐厅厨房
5 卧室
6 起居室
7 客餐厅
8 厨房
9 采光天井
10 庭院
11 周铁小戏台

横塘河

活化后平面图

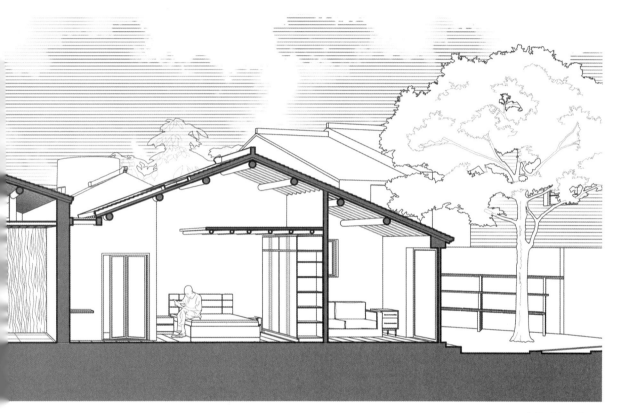

改造后剖透视图

2.1.4 周铁传统村南北街茶馆改造

方案设计：王菁睿、李常红、陶叶康

茶馆位于北街，现处于废弃的状态。茶馆附近的居民大多有小时候在茶馆喝茶听戏的经历。

改造项目将茶馆划分为商业部分和居住部分。前院用于品茶、手工体验，后院为艺术家工作室。

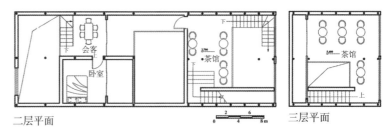

二层平面

三层平面

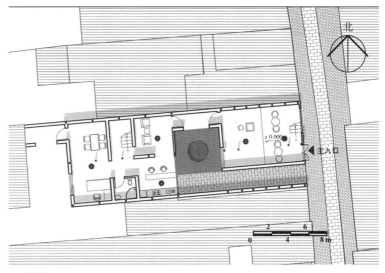

一层平面

茶馆改造平面

茶馆入口效果图

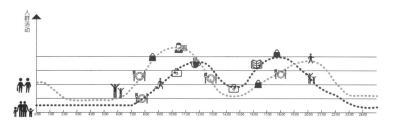

人群活动分析图

运用当地特有的竹帘解决日光暴晒问题。

增加垂直向的交通并创造通高空间，使得品茶空间和手工艺体验空间可以进行视线交流。

后侧居住空间示意图

茶馆内部示意图

茶馆内部示意图

	立面	天井	后部房间	备弄
实景	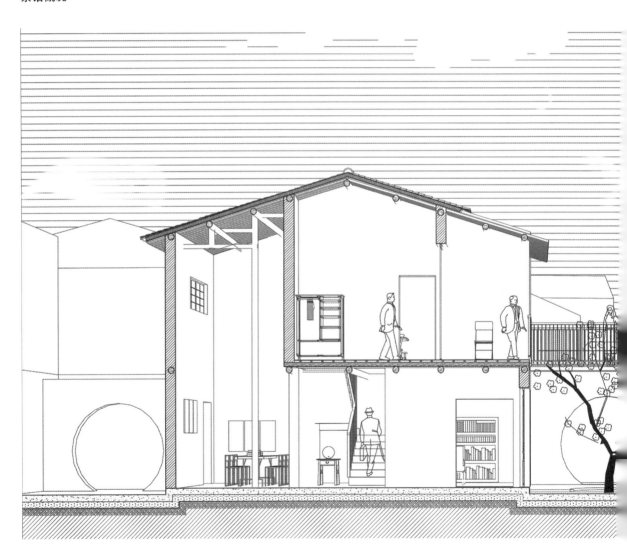			
现状	立面沿南北街纵向排列，作为前排房间的采光面，前部有格栅窗防止遮阳	天井作为室内微气候的重要调节方式，多狭长，用于采光	多依靠常规的门窗采光，窗帘遮阳，采光口少	备弄连接天井
采光	房间门一旦关上，照度下降比较严重	必备的采光方式，能够有效解决村落内部房间照度不足	后部卧室因为采光口面积问题，照度不足	没有特别采光需要
舒适度	门窗全开敞，夏季太阳辐射强，影响室内舒适度，所以常在门窗部添加遮阳板件	冬季采暖，夏季通风纳凉，缓解过热，导入新鲜空气	夏季墙面无遮挡，受热过大，室内温度较高	软为舒适

茶馆概况

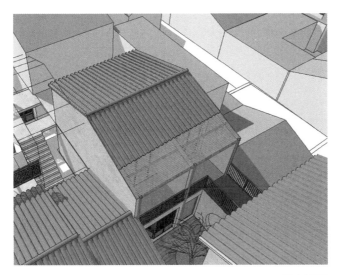

改造策略主要是改善沿街面房间日晒问题；其次是改善后部采光问题，由于江南地区潮湿，使用竹钢地板可有效保证地面的木制肌理，此外竹钢地板抗潮耐腐蚀，能够有效应对江南地区的潮湿问题。保留原有墙面的空心砖材质，其中填充膨胀珍珠岩，可有效抵御潮湿侵袭砖墙的保温性能。此外，保持沿街立面风貌，采用格栅窗，尽量使用Low-E玻璃。

卷帘遮阳

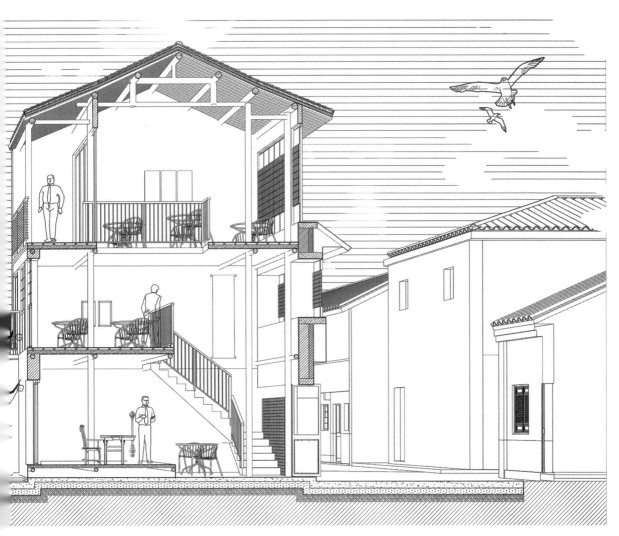

茶馆改造剖透视图

2.2 文化建筑

2.2.1 堂里村容德堂改造

方案设计：李雨昕、李珂、陈瑾

入口效果图

茶艺展厅效果图

堂里古村，属山地资源型村落，其民居建筑往往依山就势，不严格依照南北朝向布局，大型民居组合自由，常因"聚气"的风水要求而使得轴线上的门并不对齐。

三名堂空间分析		
	仁本堂（雕花楼）	心远堂	容德堂
平面型制	五路 中轴两进	两路 三进	四路 中轴三进
屋顶形态	条形 曲尺形 凹字形 凸字形 回字形	条形 曲尺形 凹字形 回字形	条形 曲尺形 凹字形 回字形
轴线序列	各轴平行，轴线清晰、贯通	各轴平行，轴线清晰， 部分轴线曲折	各轴呈扇形关系 边路轴线不清晰
备弄空间	备弄形态规则 部分备弄为独立体量	部分备弄为楔形 备弄整体较宽	备弄为楔形 从建筑单元中分割而成
特色檐廊空间	走马回廊 楼厅四周作走马回廊	楼房檐廊 二层楼房上层缩进式，常见于苏州城区临河楼房	

三名堂空间分析

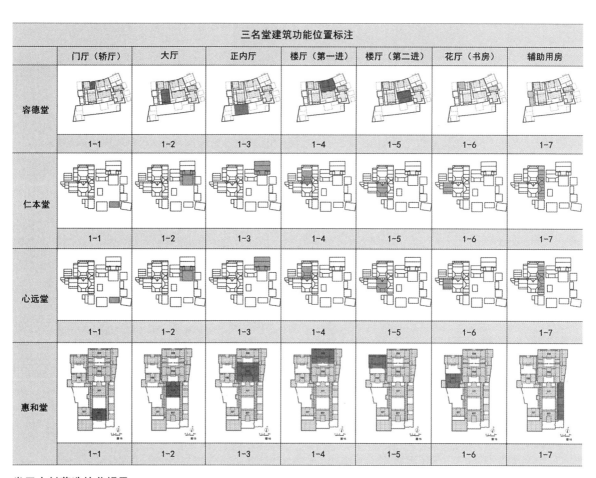

三名堂建筑功能位置标注						
	门厅（轿厅）	大厅	正内厅	楼厅（第一进）	楼厅（第二进）	花厅（书房）	辅助用房
容德堂							
	1-1	1-2	1-3	1-4	1-5	1-6	1-7
仁本堂							
	1-1	1-2	1-3	1-4	1-5	1-6	1-7
心远堂							
	1-1	1-2	1-3	1-4	1-5	1-6	1-7
惠和堂							
	1-1	1-2	1-3	1-4	1-5	1-6	1-7

堂里古村营造技艺辑录

堂里古村营造技艺辑录

地点	名称	部位示意图	现状示意图	保护内容
门厅	木质门楼			主入口砖雕门楼为重要保护构建，须修缮复原。门厅内修缮木构架，去除轩上望砖，使用玻璃覆盖
轿厅	小天井			保护性修缮天井四周墙面，恢复天井内植物种植，拆除与门厅的隔墙
花厅	垂莲柱			保护性修缮门窗构件，垂莲柱，木楼梯等。室内放置可移动性轻质装修及家具
偏内厅	正方厅			保护性修缮垂莲柱，置换木构架。室内重新装修，结合天井做展示
正厅	满轩			保护性修缮砖雕门楼，木构架，望砖，地面，拆除新建墙体，完整复原正厅面貌
后楼	木雕月梁			保护性修缮地面，木构架，望砖，拆除部分楼板，置于轻质装修及家具

容德堂现状示意图

地点	概述	现状研究		分析
依据 1	砖雕门楼朝向			砖雕门楼的方向朝向大厅,暗示主要流线方向
依据 2	天井尺度与方向			天井尺度与方向:厅前天井(北)的尺度大,厅后天井(南)的尺度小
依据 3	主路流线贯通			四路建筑中唯有疑似主路方向贯通,可穿堂进入下一进院子,其余路只可通过备弄抵达
依据 4	风火墙拆除痕迹			苏州居民正厅常设有风火墙以防火和彰显地位,从航拍图可见风火墙的拆除痕迹
依据 5	北门型制高			木雕门楼符合《苏州居民》记载的墙门式,且设有仿牌科木门楼,形制较高,可能为正门
依据 6	相关建筑布局			从门厅与正厅轴线位置、各路尺度对比、花厅位置与门厅关系进行判断
依据 7	院墙范围			据 2004 年航拍图及实地调研可见院墙范围,排除他处建设正厅的可能
依据 8	苏州民居布局			据苏州居民记载,正厅及家具常设形制,疑似正厅符合记载要求

容德堂复原依据

单体与室内层面的活态化利用是本次的研究重点，研究选取容德堂为例进行改造设计，提出相应的设计导则，采取不同的改造策略进行活态化改造与性能提升。

■ 保护优先　■ 发展优先　□ 传承优先

空间评价与分级

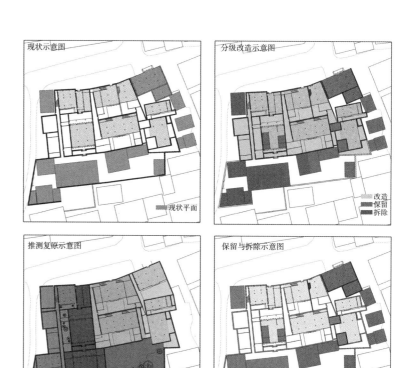

现状与复原

轴线序列

现状

改造后

■ 后花园　　■ 构成一进的基本天井类型
■ 蟹眼天井　　▦ 蟹眼天井（与灰空间相连）

庭院体系梳理

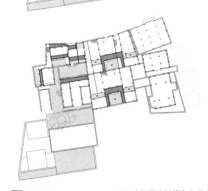

■ 备弄空间　　■ 有轩限定的横向交通空间
▦ 轩已损毁的横向交通空间　□ 无轩限定的横向交通空间

现状

保留的屋顶

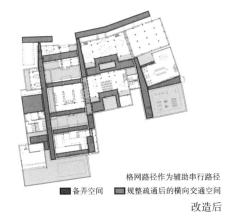

格网路径作为辅助串行路径
■ 备弄空间　　■ 规整疏通后的横向交通空间

改造后

交通体系梳理

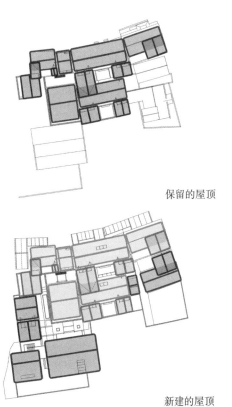

新建的屋顶

屋顶体系梳理

容德堂入口缺少灰空间过渡，而堂前广场空间模式发展方向与陆巷古村惠和堂后花园存在一定程度的相似性，因此，对惠和堂后花园的空间要素进行转译。

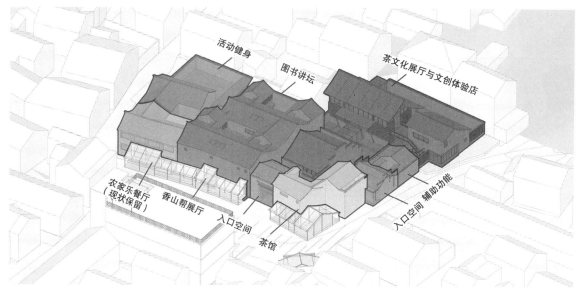

功能分区

陆巷村惠和堂后花园空间景观营造示意图

容德堂前广场现状

空间模式转译

方案基本遵循原有四路的型制进行功能布局，主要功能（茶＋香山帮的展览与文化教育）布局于中间两路，覆盖保护与传承优先两个层级，通过碧螺春茶与香山帮产业文化的交互，促进村落产业与文化共同发展。

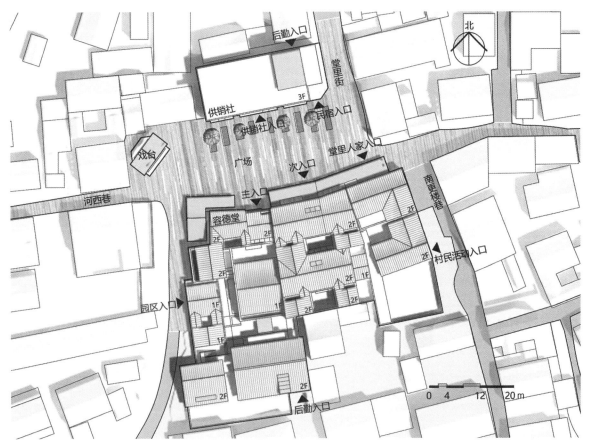

总平面图

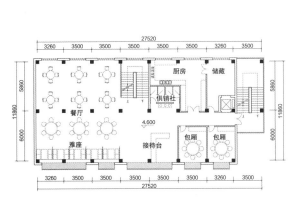

供销社二层平面图

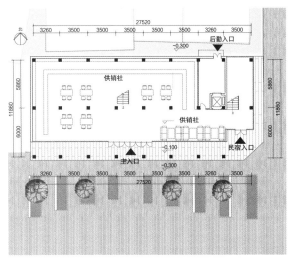

供销社一层平面图

容德堂一层平面图

1-1 剖透视图

茶室
3.650

休息区
3.320

图书阅览区
4.400

堂里人家农家乐（原有建筑）

办公 办公
2.800

茶室
4.000

学生自习区
4.400

自习室

棋牌室

品茶区

制茶工艺展厅
4.000

5.000

文创展示
3.900

3.900

品茶区

3.800

瞭望台

0　3　　　9　　　　15 m

容德堂二层平面图

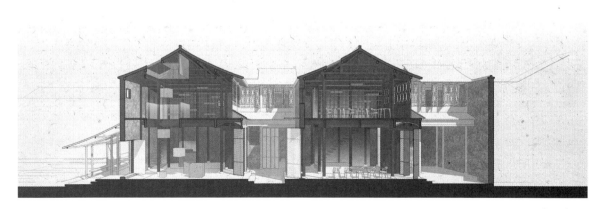

2-2 剖透视图

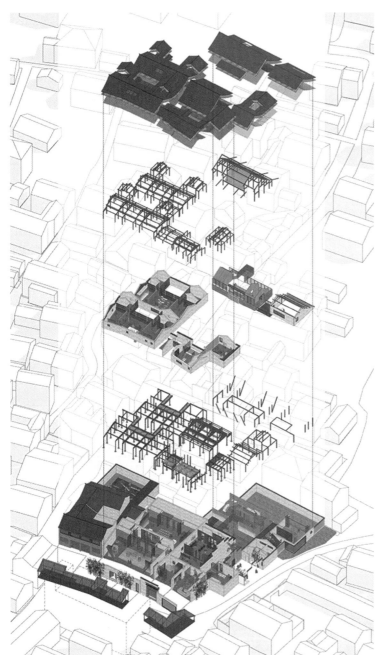

容德堂分解轴测图

入口廊道

园区内步道

园区入口

文创商店

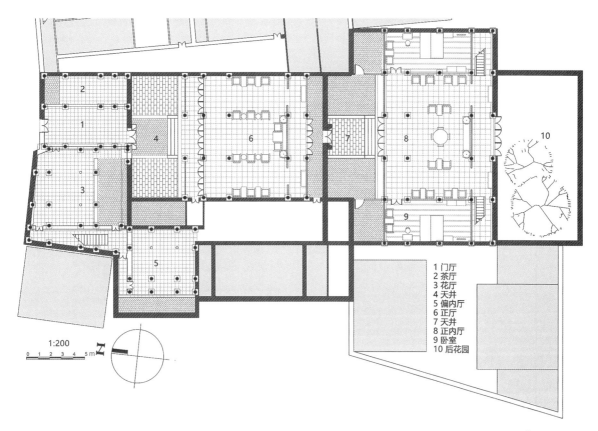

1:200

1 门厅
2 茶厅
3 花厅
4 天井
5 偏内厅
6 正厅
7 天井
8 正内厅
9 卧室
10 后花园

复原平面图

茶艺展厅入口效果图

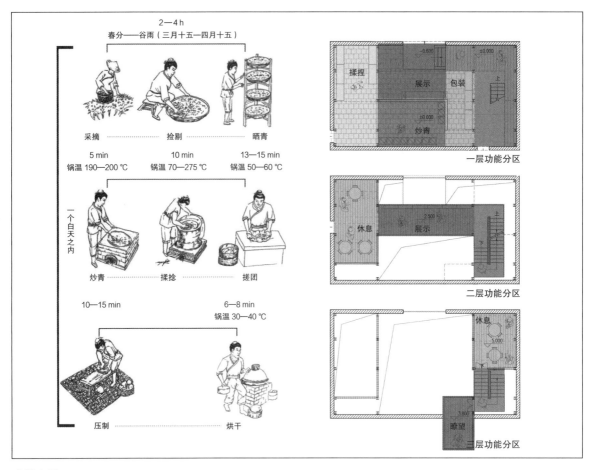

功能布局

制茶工艺展厅入口效果图

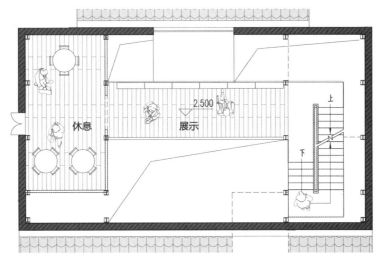

制茶工艺展厅二层平面图

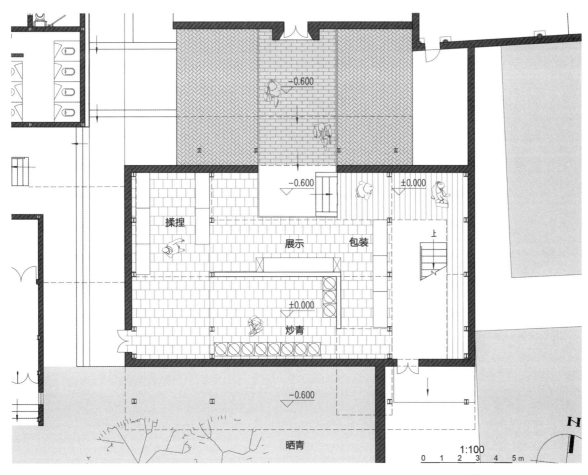

制茶工艺展厅一层平面图

1 场地现有建筑

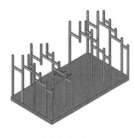

4 木包钢柱阵

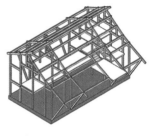

7 铺设二层楼板

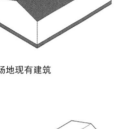

2 拆除场地现有建筑

5 建立横向连接

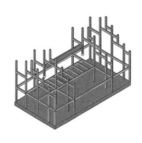

8 铺设分隔墙体

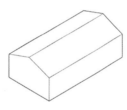

3 砌筑石砌基座

建造顺序

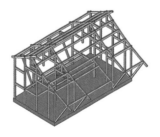

6 场地现有建筑

9 填充墙体、封闭屋顶

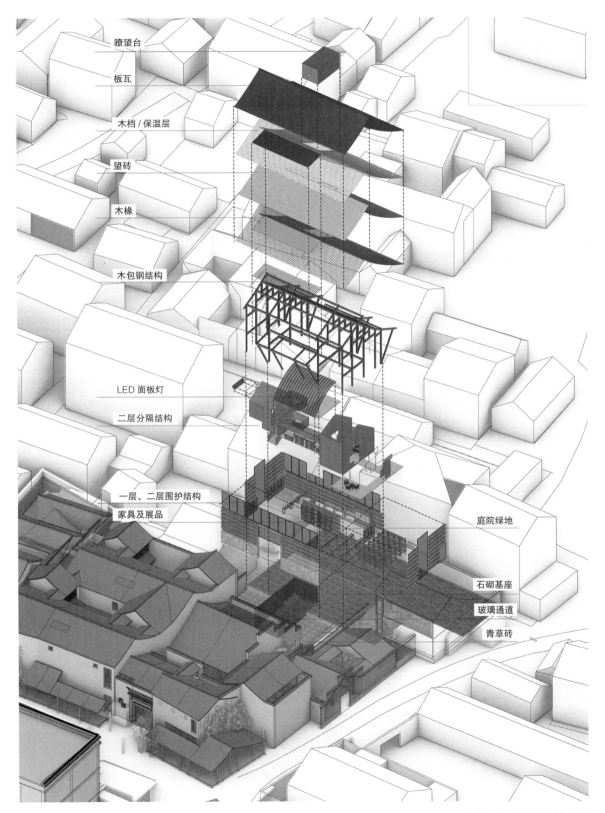

瞭望台

板瓦

木档 / 保温层

望砖

木椽

木包钢结构

LED 面板灯

二层分隔结构

一层、二层围护结构

家具及展品

庭院绿地

石砌基座

玻璃通道

青草砖

制茶工艺展厅分解轴测图

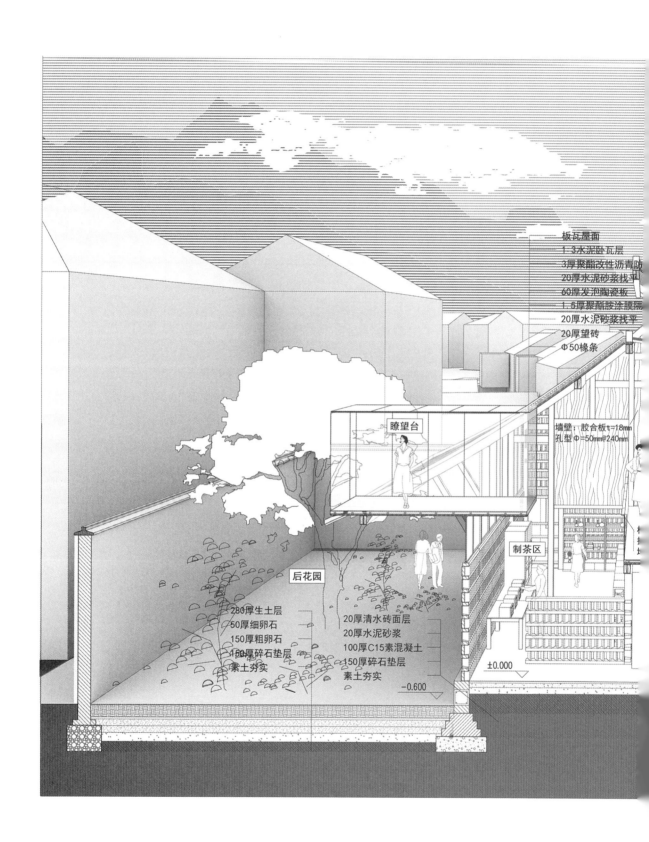

板瓦屋面
1～3水泥卧瓦层
3厚聚酯改性沥青防
20厚水泥砂浆找平
60厚发泡陶瓷板
1.5厚聚酯胶涂膜隔
20厚水泥砂浆找平
20厚望砖
Φ50椽条

瞭望台

墙壁：胶合板t=18mm
孔型Φ=50mm@240mm

制茶区

后花园

280厚生土层
50厚细卵石
150厚粗卵石
100厚碎石垫层
素土夯实

20厚清水砖面层
20厚水泥砂浆
100厚C15素混凝土
150厚碎石垫层
素土夯实

±0.000

−0.600

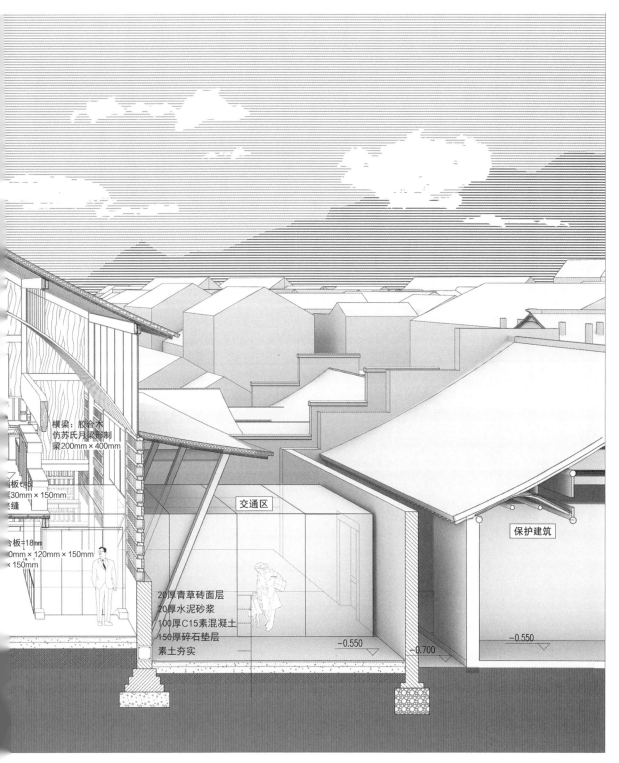

横梁：胶合木
仿苏氏月梁彰制
梁200mm × 400mm

板
30mm × 150mm
缝

合板=18mm
0mm × 120mm × 150mm
× 150mm

交通区

保护建筑

20厚青草砖面层
20厚水泥砂浆
100厚C15素混凝土
150厚碎石垫层
素土夯实

−0.550

−0.700

−0.550

剖透视图

容德堂正厅复原效果图 1

容德堂正厅复原效果图 2

制茶工艺展厅效果图 1

制茶工艺展厅效果图 2

2.2.2　周铁传统村电影院改造

方案设计：袁心昊、曾德成

针对周铁传统村缺乏活力的问题，将电影院改造为村民公共活动与互联网e站。村民们除了可以在此进行日常的公共活动外，还可以体验或成为电商主播，为当地的特色产品代言。

为了给当地带来收入与工作机会，利用当地传统村落儒风名片，结合江南水乡的气质，面向城市中忙于奔波的年轻人，设计改造了一片以传统村落为特色的街区，包含了零售商业与特色民宿。

在调研分析中发现，周铁传统村在公共设施建设有一定缺失，故结合周铁江南水乡的特质，沿河布置了一系列广场与步道，供人们休憩赏景。

效果图

滨水景观　　　　古庙文化区　　　　村民活动

街区功能分区

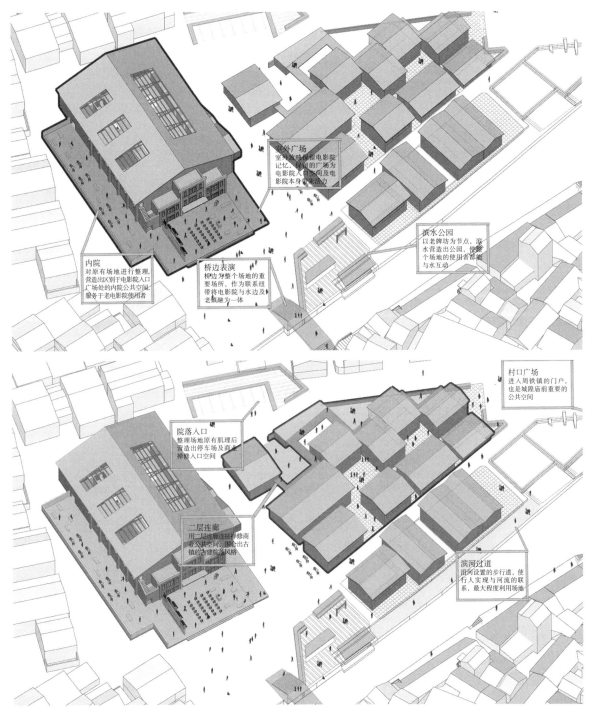

室外广场
室外放映保留电影院记忆，保留的广场为电影院入口空间及电影院本身带来活力

滨水公园
以老牌坊为节点，滨水营造出公园，使整个场地的使用者都能与水互动

内院
对原有场地进行整理，营造出区别于电影院入口广场处的内院公共空间，服务于老电影院使用者

桥边表演
桥边为整个场地的重要场所，作为联系纽带将电影院与水边及老镇融为一体

村口广场
进入周铁镇的门户，也是城隍庙前重要的公共空间

院落入口
整理场地原有肌理后营造出停车场及商业禅修入口空间

二层连廊
用二层连廊连接禅修商业公共空间，围合出古镇的古建院落风格

滨河过道
沿河设置的步行道，使行人实现与河流的联系，最大程度利用场地

节点设计

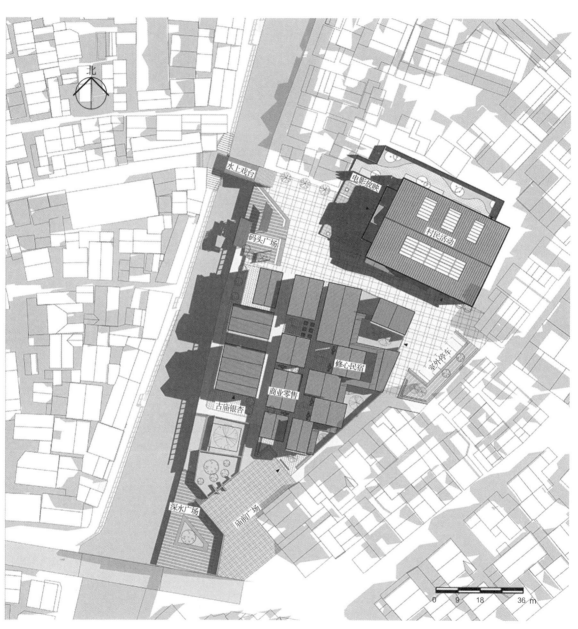

北

水上戏台

码头广场

电影放映

村民活动

修心民宿

室外停车

商业零售

古庙银杏

深水广场

庙前广场

0　9　18　　　36 m

总平面图

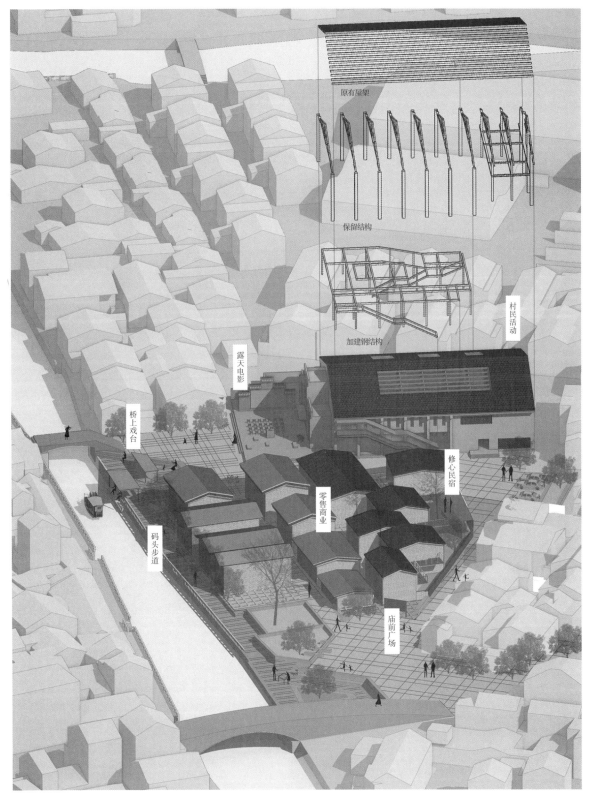

原有屋架

保留结构

加建钢结构

村民活动

露天电影

桥上戏台

修心民宿

码头步道

零售商业

庙前广场

分解轴测图

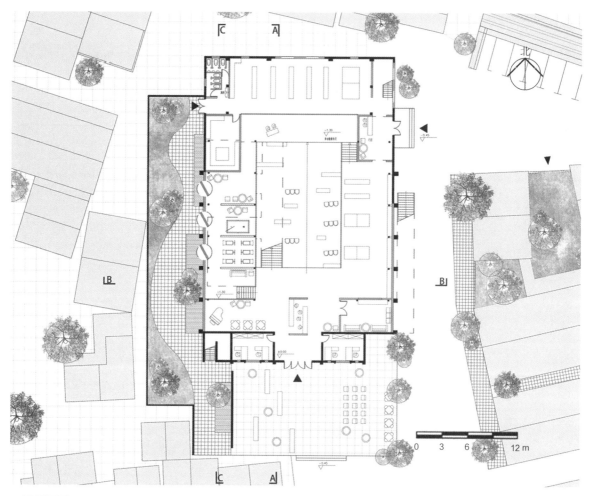

一层平面图

多功能报告厅效果图 1

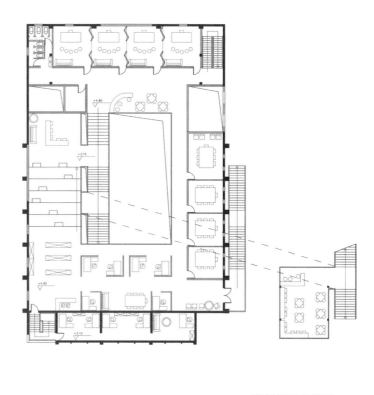

二层平面图

多功能报告厅效果图 2

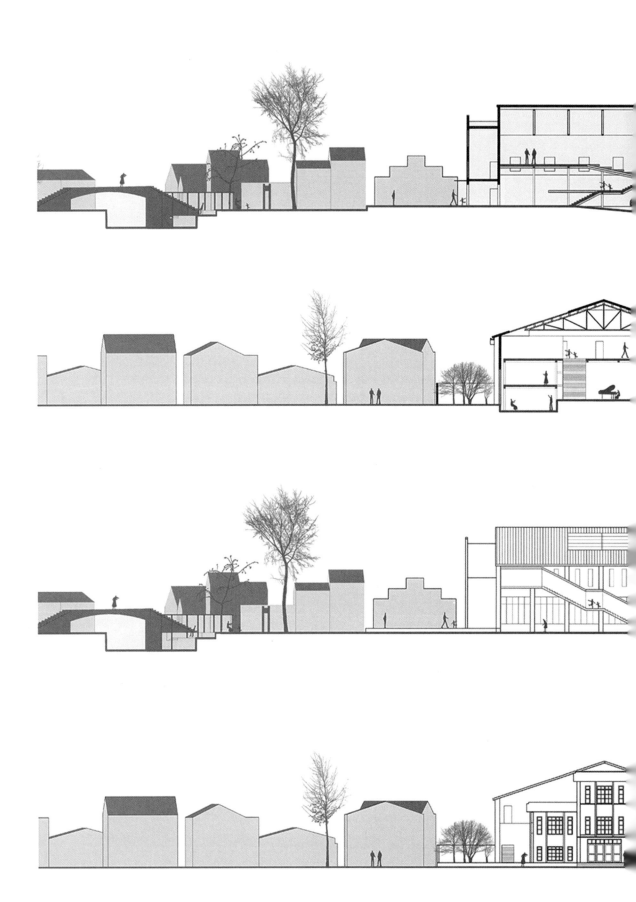

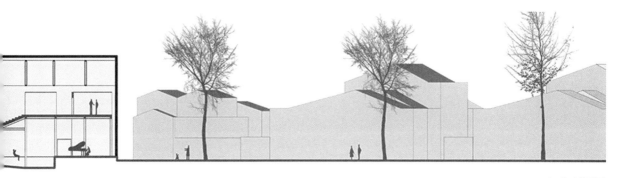

A-A 剖面图

B-B 剖面图

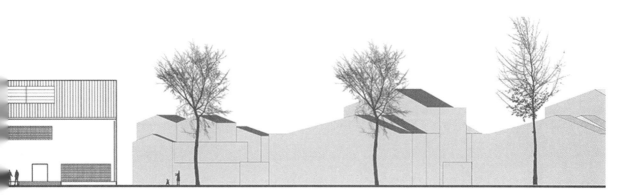

东立面图

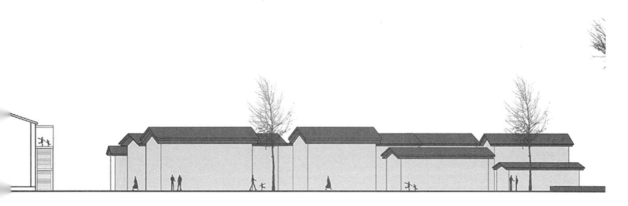

南立面图

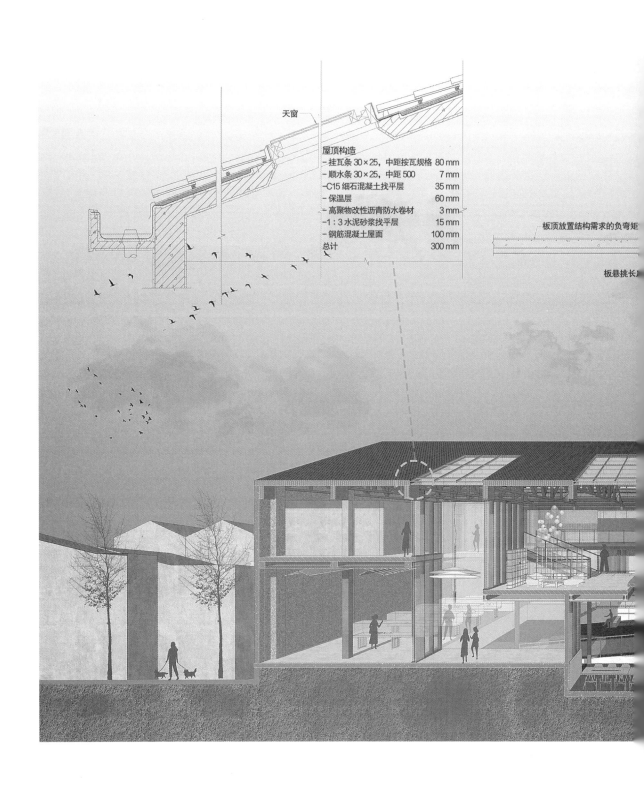

天窗

屋顶构造
- 挂瓦条 30×25，中距按瓦规格 80 mm
- 顺水条 30×25，中距 500   7 mm
- C15 细石混凝土找平层   35 mm
- 保温层   60 mm
- 高聚物改性沥青防水卷材   3 mm
- 1：3 水泥砂浆找平层   15 mm
- 钢筋混凝土屋面   100 mm
总计   300 mm

板顶放置结构需求的负弯矩

板悬挑长度

墙体构造
- 清水混凝土 220 mm
- 保温层，隔气 100 mm
- 石膏板，粉刷或漆刷 60 mm
总计 380 mm

新增楼板构造
- 石材地面砖 10 mm
- 灰浆层 10 mm
- 负弯矩钢筋 6 mm
- 混凝土板（板顶布置负弯矩钢筋）80 mm
总计 160 mm

挡水条

窗台，例如预制混凝土

无踢脚板，成品接缝
分离条

底板构造
- 石材地面砖 15 mm
- 灰浆层 15 mm
- 找平层 80 mm
- 分离层（1 mm 塑料板）
- 冲击声隔声层 40 mm
- 混凝土板 200 mm

细石混凝土，其强度等级
比原柱的混凝土强度等级提高一个等级

新增钢筋混凝土压梁

柱及基础面凿毛洗净

C-C 剖透视图

2.3 其他建筑

2.3.1 周铁传统村东西街中医馆改造

方案设计：范静哲、乔畅、张雨秋、王沁

在"三生"视角下，通过空间活态化、产业活态化、文化活态化三大策略，探索建筑层级的生活、生产、生态的活态化保护利用机制。通过打造共享街道，激发建筑活力；植入中医观、学、体、诊、疗的新功能，增加体验式商业，以实现居旅互动，文化传承，同时对建筑的物理性能进行相应改善。

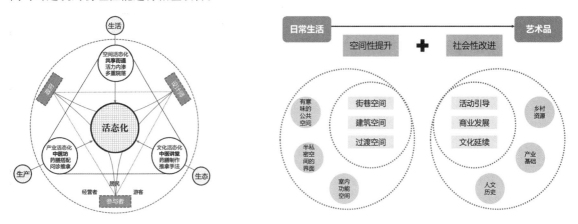

基于"三生"视角的传统村落建筑活态化路径

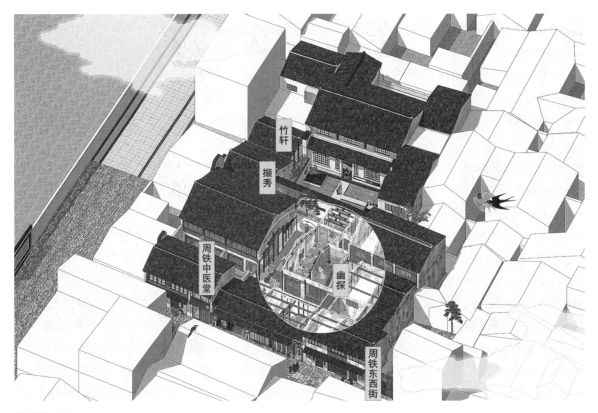

轴侧效果图

基于"三生"理念，以及对历史建筑的尊重态度，从历史建筑的环境适应性、功能适应性、文化适应性三方面做出分析和探讨，以确定建筑改造的基本原则。

首先分析建筑的区位条件和基本的建筑物质环境。

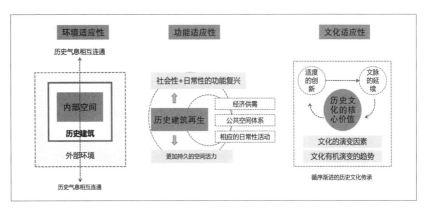

建筑定位理念

区位分析

旧诊所建筑物质要素评价

对改造建筑的基本空间状况、产权、人群使用情况进行分析，做出服务人群和功能升级方面的建筑策划，并依据发展目标制定分期改造策略。

在平面空间分析的基础上，进一步分析建筑的三维空间结构，并提出相应的改造手法，制定形体生成策略。

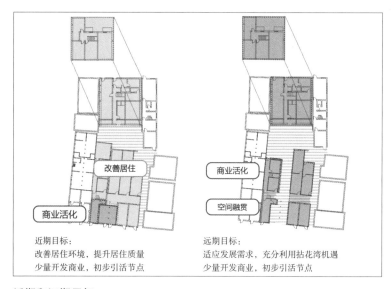

近期目标：
改善居住环境，提升居住质量
少量开发商业，初步引活节点

远期目标：
适应发展需求，充分利用拈花湾机遇
少量开发商业，初步引活节点

近期和远期目标

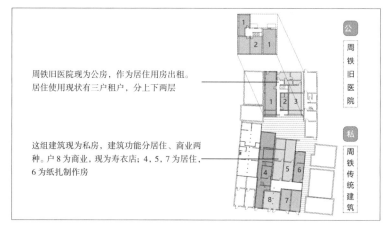

周铁旧医院现为公房，作为居住用房出租。居住使用现状有三户租户，分上下两层

这组建筑现为私房，建筑功能分居住、商业两种。户8为商业，现为寿衣店；4，5，7为居住，6为纸扎制作房

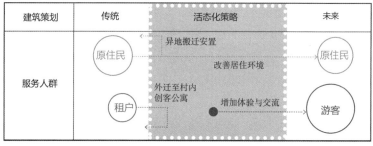

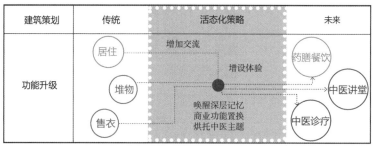

建筑策划

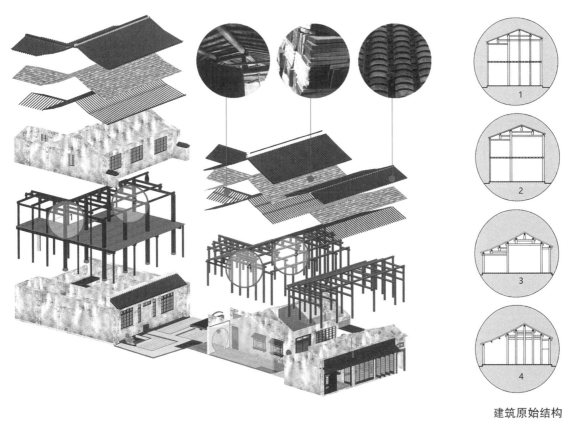

建筑原始结构

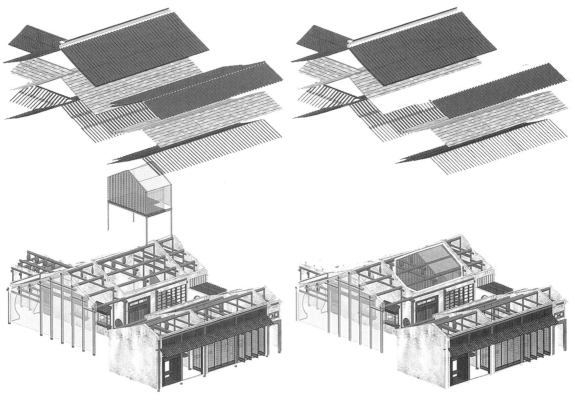

新加结构分析

建筑改造平面及空间组合关系展示。通过打造共享街道，激发
建筑活力。

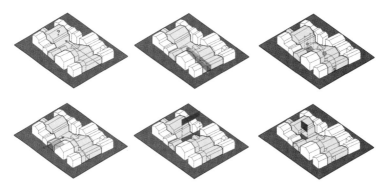

形体生成分析

建筑改造一层平面图

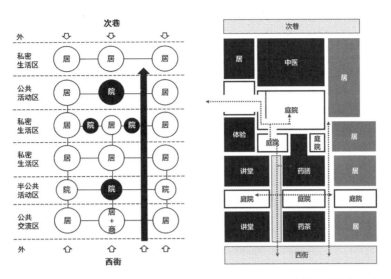

建筑改造空间组合

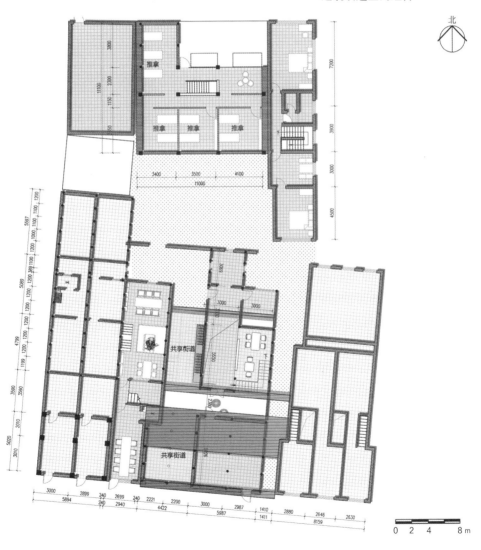

建筑改造二层平面

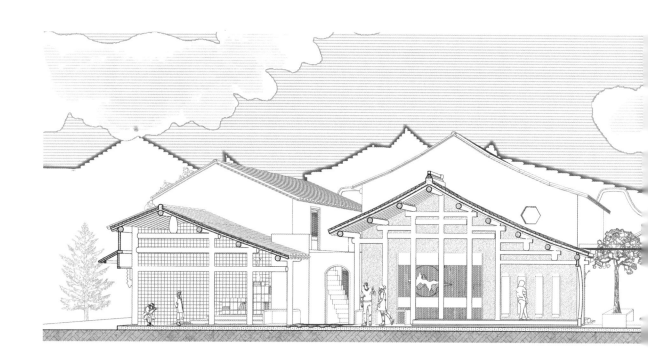

2-2 剖面图

1-1 剖透视图

3-3 剖面图

建筑产业活态化更新规划策略，植入中医观、学、体、诊、疗的新功能，增加体验式商业，以实现旅居互动，文化传承。

建筑产业活态化更新规划策略

建筑共享街道沿街面效果图

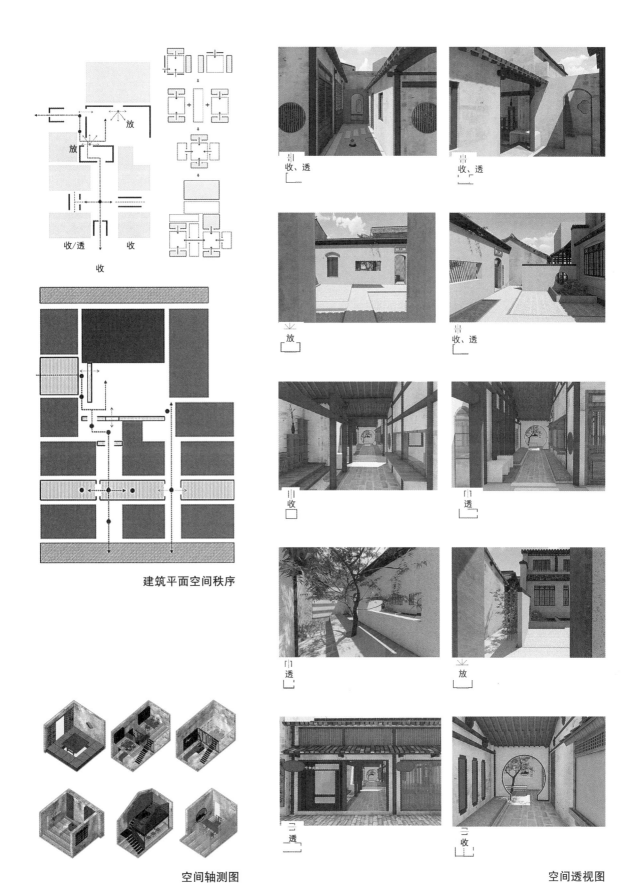

放

放

收/透　收

收

建筑平面空间秩序

空间轴测图

收、透　收、透

放　收、透

收　透

透　放

透　收

空间透视图

2.3.2 周铁传统村沿河浴室改造

方案设计：岳小超、张婷婷、李盼、陆京京

浴室作为周铁公共空间的代表，人们在此洗浴，也在此过程中进行交流和互动，曾经是一处活力较高的空间，留存了周铁人的记忆与乡愁。随着社会的发展进步，周铁浴室在人们生活中的重要性急剧下降，现已成为废墟，20余年无人问津，空间不再承载交流与活动，逐渐静止和凝固。

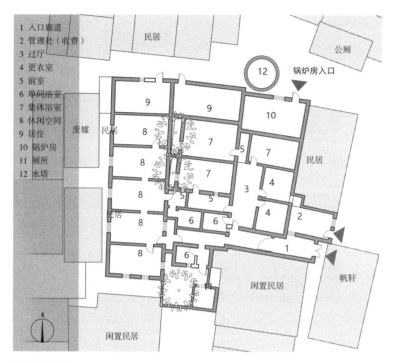

图例：
1 入口廊道
2 管理处（收费）
3 过厅
4 更衣室
5 前室
6 单间浴室
7 集体浴室
8 休闲空间
9 居住
10 锅炉房
11 厕所
12 水塔

现状平面图

沿街开场展示面较小，游人或村民沿街、沿河漫步感受不到浴室作为公建的体量，可识别性差

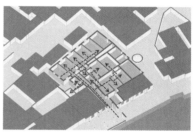

内部流线交叉，较为复杂

现状分析图

沿河效果图

在类型生成形态意象的过程中，周铁浴室的初始功能和二次功能将随时间变化而呈现出不同的状态，初始功能作为浴室已消失；而二次功能象征着周铁人的集体记忆也已大部分消失。浴室的初始功能被文化活动功能取代，作为集体记忆的象征意义借助新的"文化"功能被展示，借此激活废弃浴室，活化整个建筑组团。

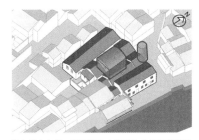

突出核心空间：拆除核心空间周边价值较低的体量，增加核心体量的可识别性

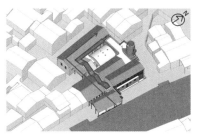

增加天窗，引导流线：虚化原浴室入口的屋顶，仍作为新建筑的主入口引入光线，引导人的流线

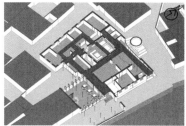

通过空间：改造后建筑中的通过空间。通过保留原有空间收放的空间肌理，加强线性空间的连续性

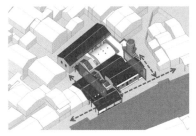

扩大沿街展示面：将南侧闲置民居改造为驿站，吸引人流注意到建筑体量

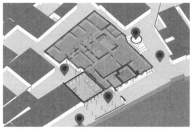

功能组织：整个组团由周铁书居、码头驿站、保留民居组成

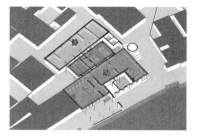

动静分区：改造后建筑靠近街巷等活动量较大的公共活动和休闲服务功能

改造策略

入口广场效果图

现状建筑组团沿街展示面较小，识别度较差，不宜作为公共空间，因此建议对街巷肌理进行疏通与织补。打通组团南侧闲置民居，扩大建筑组团的沿街展示面，拆除北侧加建民居，将公共建筑体量延伸至北侧小街。新建建筑退让水塔，界面打开，让水塔变成景观的一部分，同时将水塔改造为景观瞭望塔。

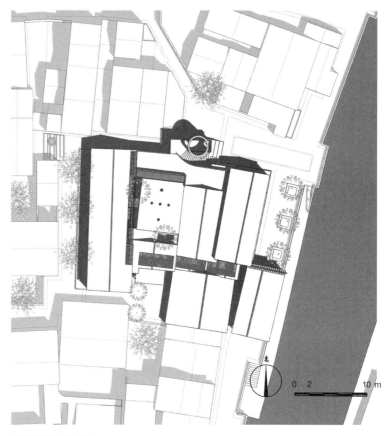

改造后总平面图

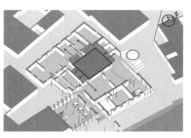

核心空间与天井：通过疏通核心空间周边的肌理，加入和扩大天井，增强核心空间的体量感和可视性

改造后场地流线：远期疏通建筑周边街巷，增加建筑的公共性与开放度

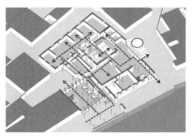

流线分析：改造后建筑内部为回字型流线，方便游人与村民使用

改造后建筑形态：改造后建筑仍保留原有街巷肌理

改造分析

轴测拆解图

现状建筑组团密度较大，各个单体较封闭，透明性低，行人在游历建筑时感受不到核心空间，不利于公共建筑功能组织。

策略之一是周边建筑退让核心体块，用天窗和天井包围核心空间，提高周围空间的透明性，增加核心空间的可视性，提高行人游览的体验。

策略之二是疏通出入口处核心体块的体量，将核心空间对街巷开放，通过轻质体量和对比体量突出核心体量。

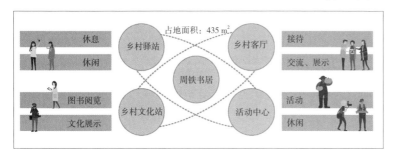

功能策划

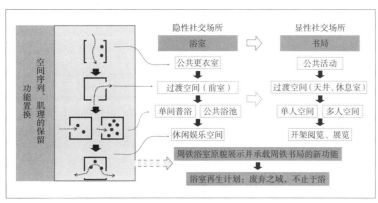

空间更新策略

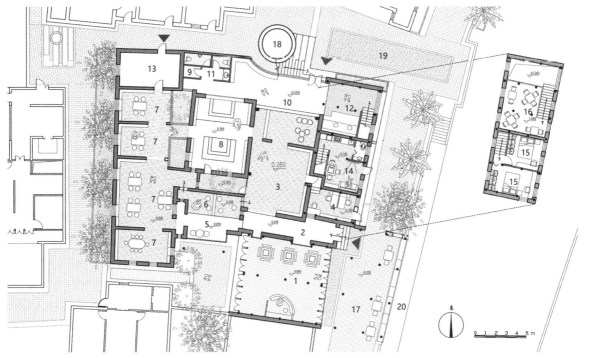

1 码头驿站，2 入口长廊，3 开放活动区（临时展览），4 管理处，5 休闲区，6 阅读沙龙，7 开架阅览，8 儿童阅览，9 清洁间，10 出口门厅，
11 卫生间，12 书局水吧前台，13 仓库，14 民居，15 民居卧室，16 水吧休息，17 帆轩，18 水塔，19 水塔广场，20 帆轩码头

改造后平面图

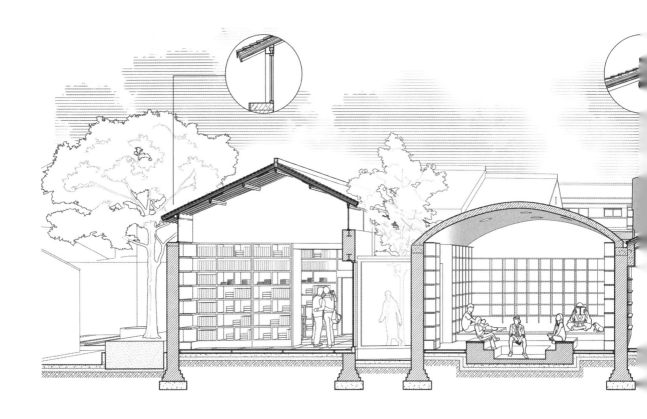

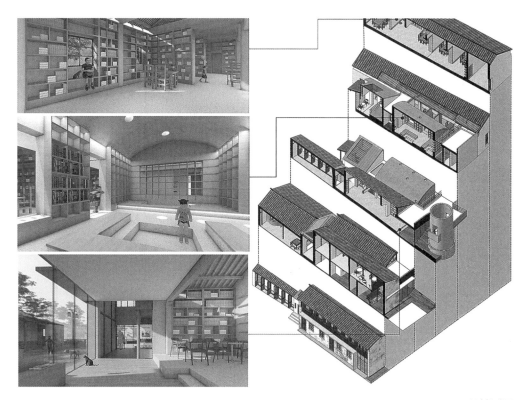

剖轴测图

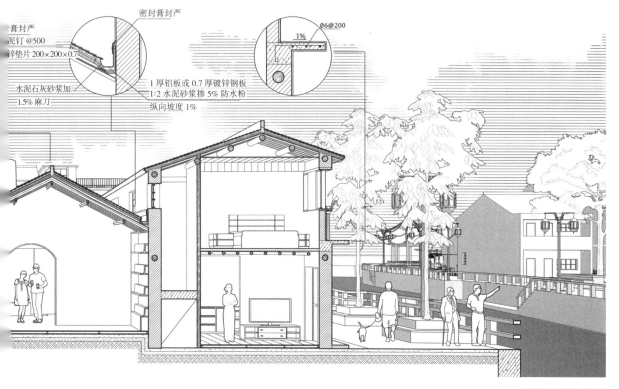

密封膏封严

Ø6@200

1%

膏封严
泥钉@500
锌垫片200×200×0.7

1厚铝板或0.7厚镀锌钢板
1:2水泥砂浆掺5%防水粉
纵向坡度1%

水泥石灰砂浆加
1.5%麻刀

改造后剖透视图

2.3.3 周铁传统村粮仓改造

方案设计：高睿旋、沈睿

效果图

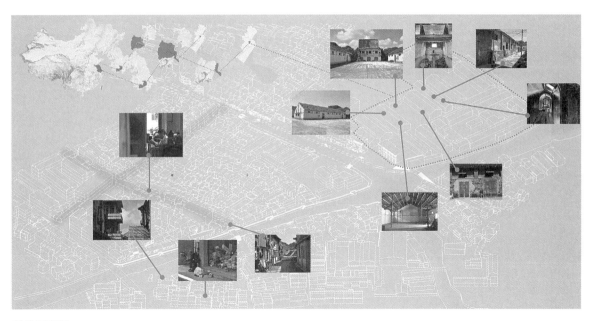

现状示意图

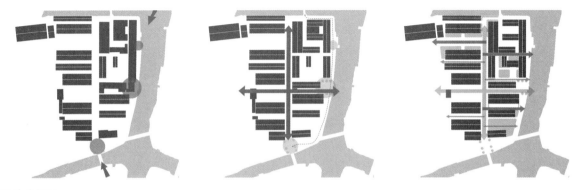

场地分析图

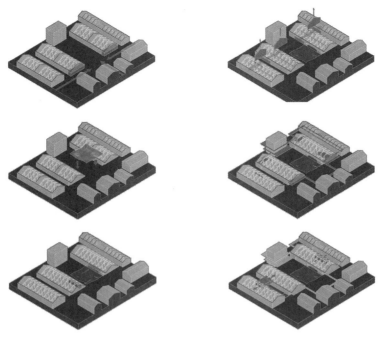

体量生成图

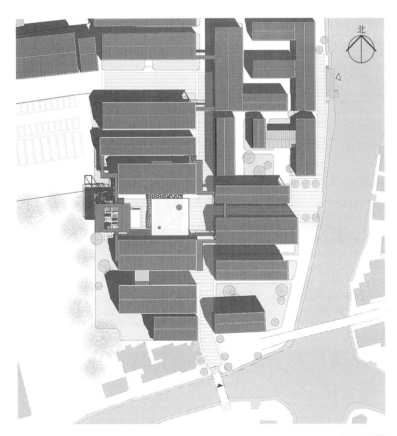

总平面图

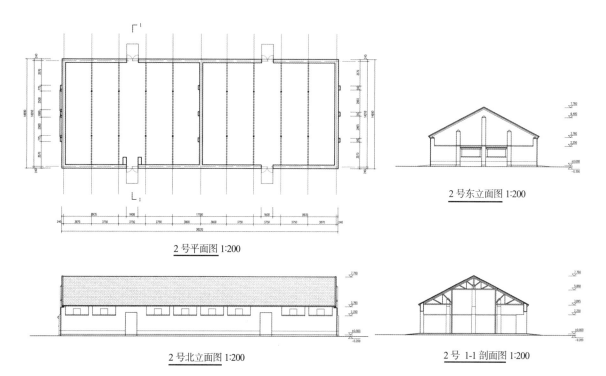

2 号平面图 1:200

2 号东立面图 1:200

2 号北立面图 1:200

2 号 1-1 剖面图 1:200

测绘现状示意图

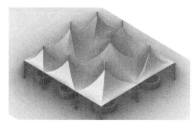

以乡村集市常见的小型顶棚为原型，利用参数化生成连绵的、大小错综的帐篷状顶棚，与下方的售卖单元对应。但由于此思路不适合小场地，结果稍显局促

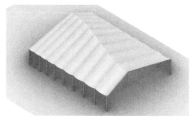

小单元组织的模式改为集中式，利用张弦梁结构创造单跨的大空间，在屋脊的形态上加入曲线控制。但该方案较为呆板

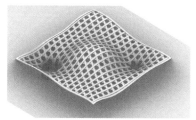

在单元和集中取得平衡，表现手法上选取传统手工艺中的编织元素，形态上加入曲面，更为灵动。可变的单元家具也使集市含义得到扩张，各类活动得以发生

方案构思图

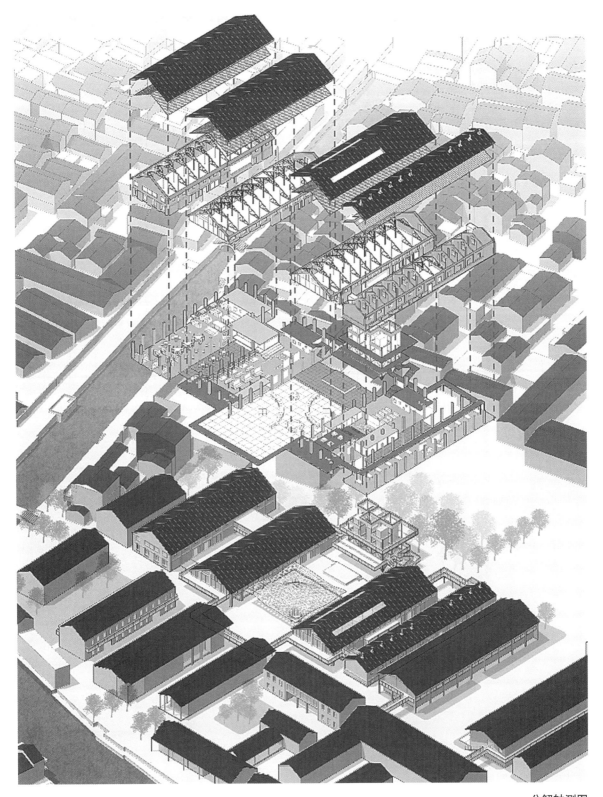

分解轴测图

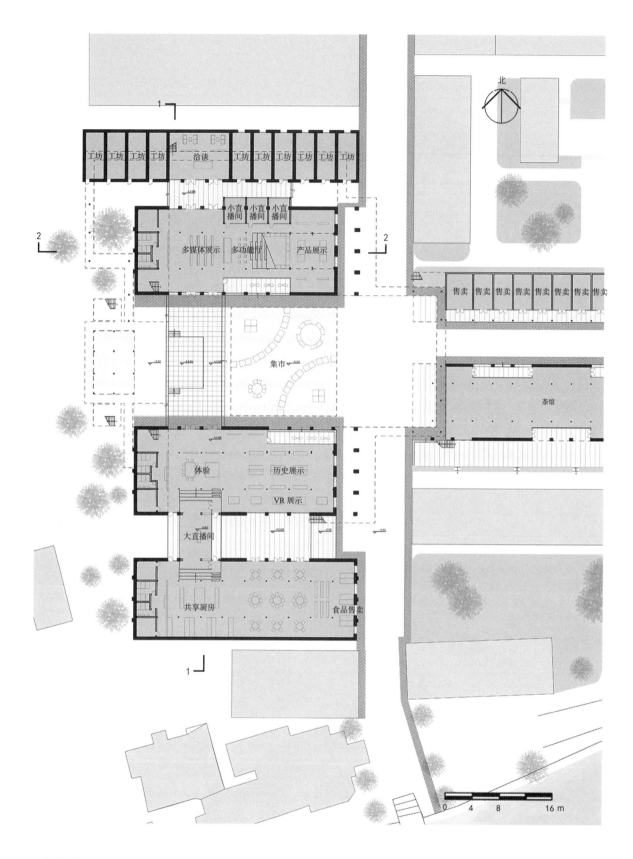

工坊 工坊 工坊 工坊 洽谈 工坊 工坊 工坊 工坊 工坊 工坊

北

小直播间 小直播间 小直播间

多媒体展示 多功能厅 产品展示

售卖 售卖 售卖 售卖 售卖 售卖 售卖 售卖 售卖

集市

茶馆

体验 历史展示

VR展示

大直播间

共享厨房 食品售卖

0 4 8 16 m

一层平面图

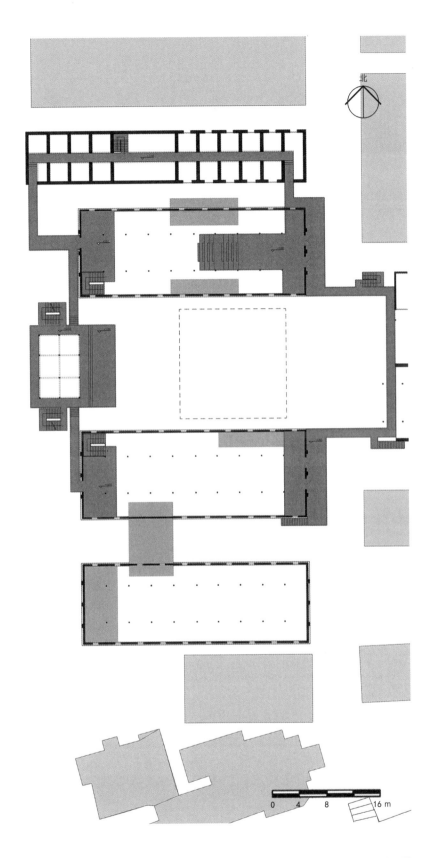

二层平面图

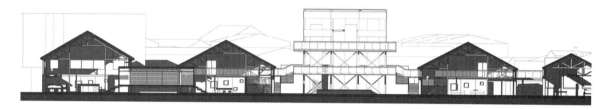

1-1 剖面图

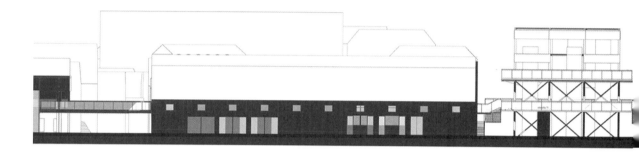

集市内部效果图

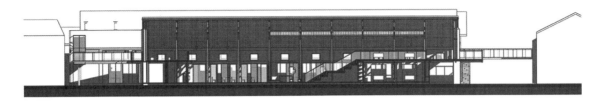

2-2 剖面图

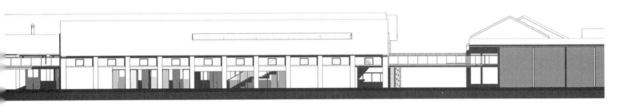

东立面图

西立面图

体验区内部效果图

3 民居建筑活态化保护利用设计

绘制：白　雨　陈修桦　于新蕾　李孟睿　吴正浩　徐欣荣　李　斐　陈洁颖
　　　陈　洋　卜笑天　袁　玥　吴　娱　侯扬帆　刘源科　汪宝丽　徐利明
　　　王菁睿　李常红　陶叶康　范静哲　乔　畅　张雨秋　岳小超　张婷婷
　　　李　盼　陆京京　罗淇桓　张聪慧　刘　琦　李　琴　李雨昕　李　珂
　　　陈　瑾
整理：罗淇桓　刘　琦　白　雨　徐欣荣　袁　玥　侯扬帆　王菁睿　王　涵
　　　李常红　范静哲　乔　畅　岳小超　张婷婷　李雨昕　李　珂　陈　瑾

3.1 住宅

3.1.1 周铁传统村东西街香烛店改造（一）

方案设计：徐欣荣、吴正浩

香烛店位于周铁传统村曾经最繁华的东街中部，已有百年的历史，至今仍保留着"第一合作商店"的老招牌。

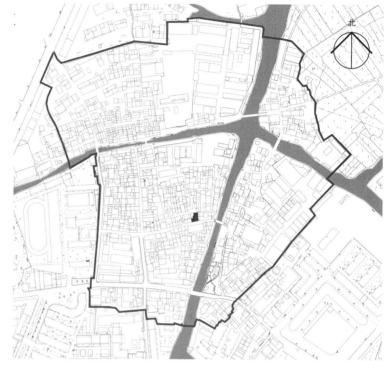

项目区位

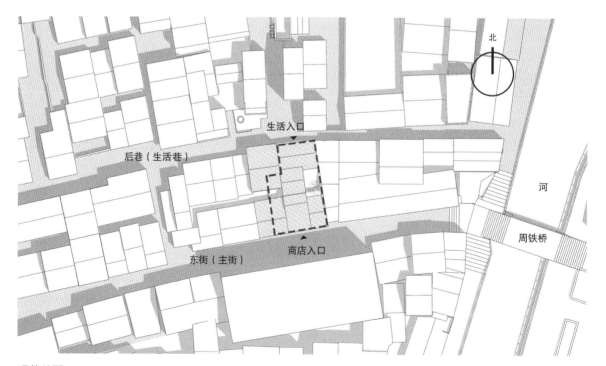

现状总图

现由户主自己经营香烛店，供古镇城隍庙和居民购买香烛类商品，店铺北侧为店主的生活空间，属于前商后住型。

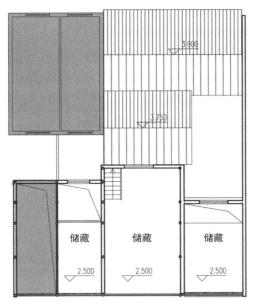

现状二层平面图

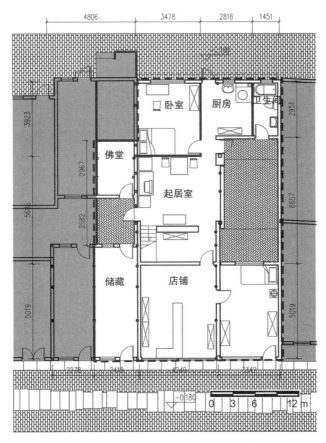

现状一层平面图

香烛店以穿斗结构为主,以砖墙作为围护结构,屋顶从下到上依次为檩条、椽子、望砖、苫背、小青瓦。

课题组对香烛店进行了调研和测绘,同业主研讨改造意愿以及未来规划,并总结了房屋的物质现状(物理环境、结构、使用功能现状等问题)。

香烛店老板作为乡贤,积极主动参与传统村活化更新工作,希望自己能起到模范带头作用,带动其他居民的参与意识。老两口的生活围绕香烛店展开,除了日常的生活起居,售卖、加工以及妻子的佛室是特有的使用功能。

近期对老屋进行修整,主要针对结构和改善物理环境问题。

中期则出租前面店铺部分,后部仍保持居住功能。

远期计划整体出租,意向是民宿,不考虑餐饮业。

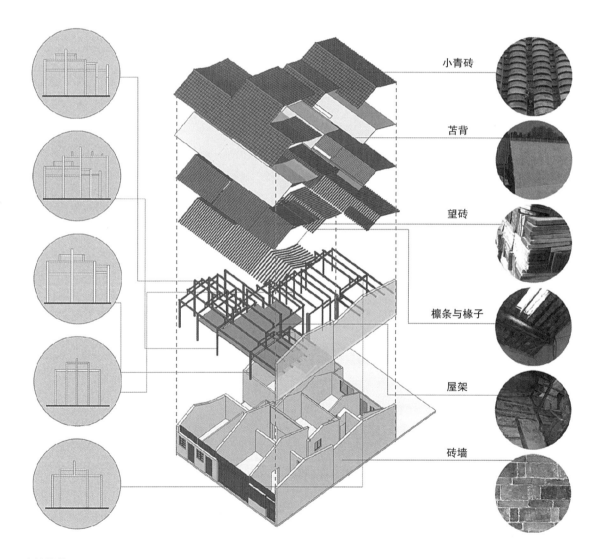

小青砖

苫背

望砖

檩条与椽子

屋架

砖墙

建筑结构

1, 2, 3, 4采光、通风条件差

5为了保障私密性, 窗户长期关闭

6 小天井加建

7 受天井加建影响, 采光通风差

物理环境

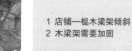

1 店铺—楄木梁架倾斜

2 木梁架需要加固

3 户主自主开窗, 破坏原有梁架

4 自搭建

结构

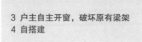

1 停留空间狭窄

2 视线一通到底, 私密性差

4 功能紊乱收纳空间少

5 庭院空间杂乱无章, 景观性差

6, 7 收纳空间利用差

使用

建筑现状

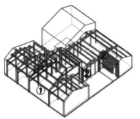

① 扁钢加固，② 修补自改造不合理结构

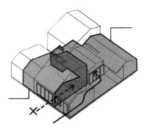

原有店面出租，户主流线改变

拆除砖墙，保留木结构，扩大店面面积

保留原有木结构，局部置入钢结构

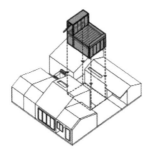

置入起居室模块和屋顶生活平台

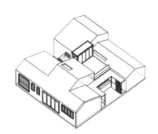

根据内部需求以及传统立面需求，完善立面

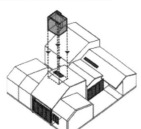

去掉砖墙，保留木结构，增加商业面积

置入连廊连接茶室与生活空间

后一进适当增加高度，增加民宿间数

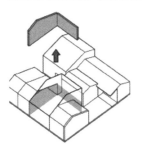

改善采光、通风、保温等物理环境

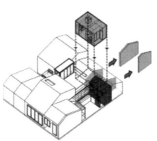

改造后一进建筑，去掉隔墙，恢复原有
体量，植入厨卫模块

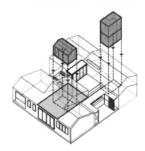

置入民宿客房卫浴模块

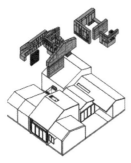

置入收纳空间
近期规划

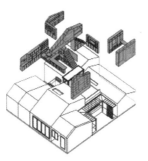

置入收纳空间
中期规划

置入收纳空间
远期规划

改造思路

在不同时期，轻介入不同模块，逐渐更新改造，营造更加舒适的居住环境。

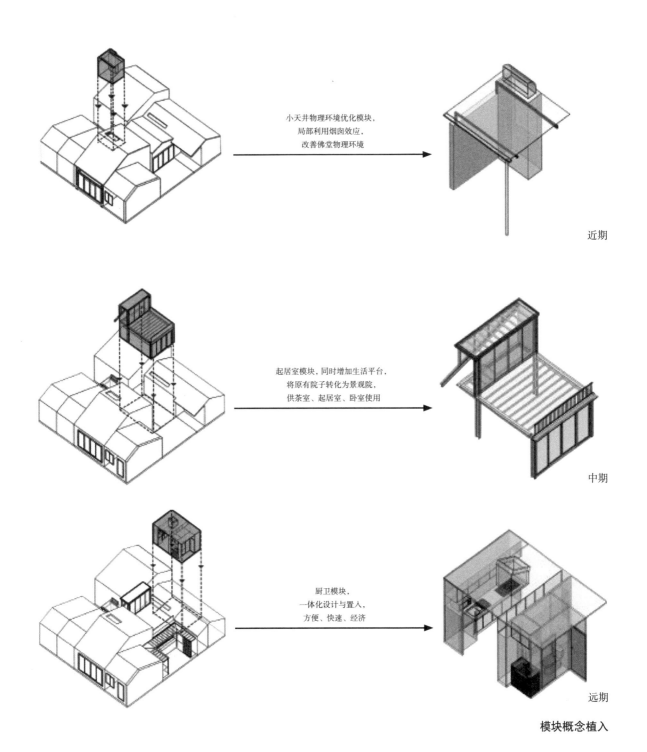

小天井物理环境优化模块，
局部利用烟囱效应，
改善佛堂物理环境

近期

起居室模块，同时增加生活平台，
将原有院子转化为景观院，
供茶室、起居室、卧室使用

中期

厨卫模块，
一体化设计与置入，
方便、快速、经济

远期

模块概念植入

在中期将店铺外租，作为特色茶室，下经商上居住。同时考虑到货物的储藏，在一层和二层结合家具设置大量的仓储空间。

户主居住空间也做一定的功能上的调整，保证良好的室内环境居住体验。中间增设二层阳光屋顶平台，满足晾晒、种植、观景等需求，以提高生活品质。

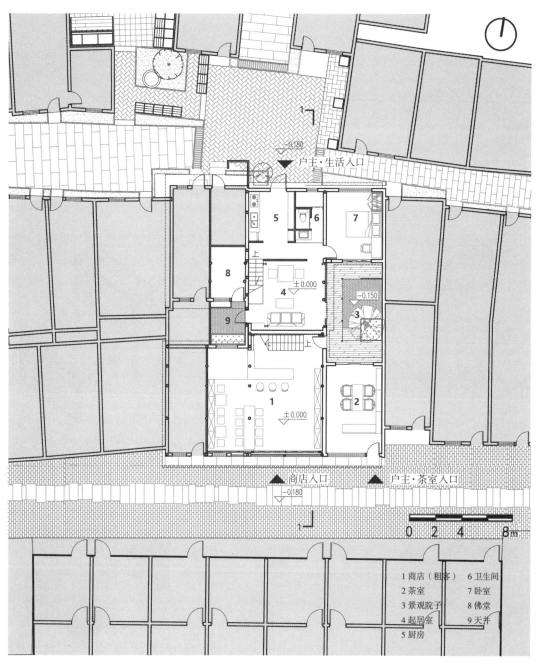

1 商店（租客）	6 卫生间
2 茶室	7 卧室
3 景观院子	8 佛堂
4 起居室	9 天井
5 厨房	

中期·一层平面图

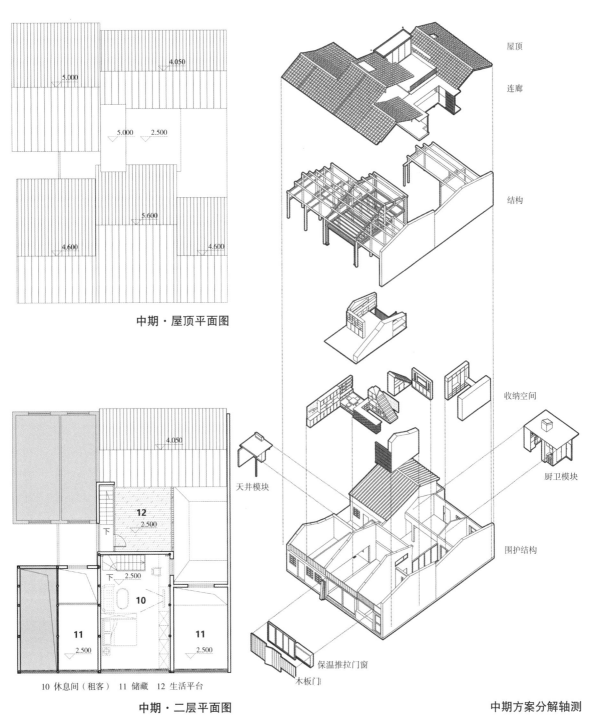

5.000

4.050

5.000 2.500

5.600

4.600 4.600

中期·屋顶平面图

屋顶

连廊

结构

收纳空间

天井模块

厨卫模块

围护结构

保温推拉门窗

木板门

4.050

12
2.500

下

下 2.500

10

11
2.500

11
2.500

10 休息间（租客）　11 储藏　12 生活平台

中期·二层平面图

中期方案分解轴测

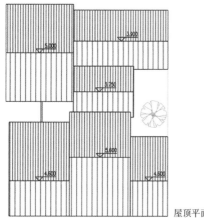

屋顶平面图

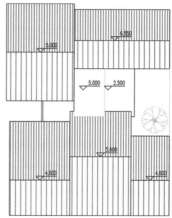

屋顶平面图

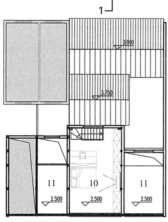

10 书房＋储藏＋客卧
11 储藏

二层平面图

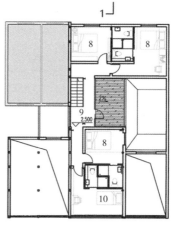

8 客房
9 楼梯间
10 休息间
11 屋顶平台

二层平面图

一层平面图

1 商店
2 卧室
3 起居室
4 庭院
5 天井
6 佛堂
7 卧室
8 厨房
9 卫生间

一层平面图

1 接待处
2 休息处
3 商店
4 庭院
5 小天井
6 布草间
7 共享客厅
8 客房

一层平面图

使用者：户主——前商后住

近期方案平面图

使用者：租客——茶花＋民宿

远期方案平面图

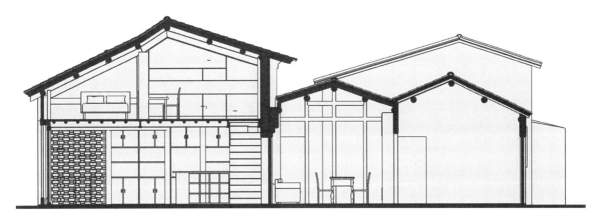

近期 1-1 剖面图

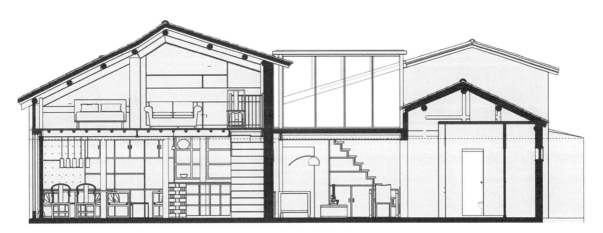

中期 1-1 剖面图

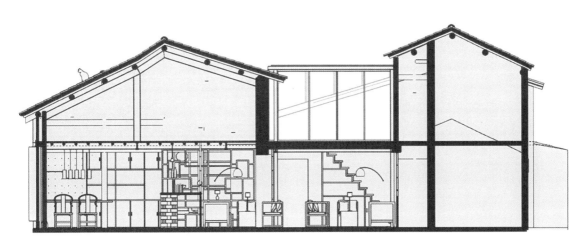

远期 1-1 剖面图

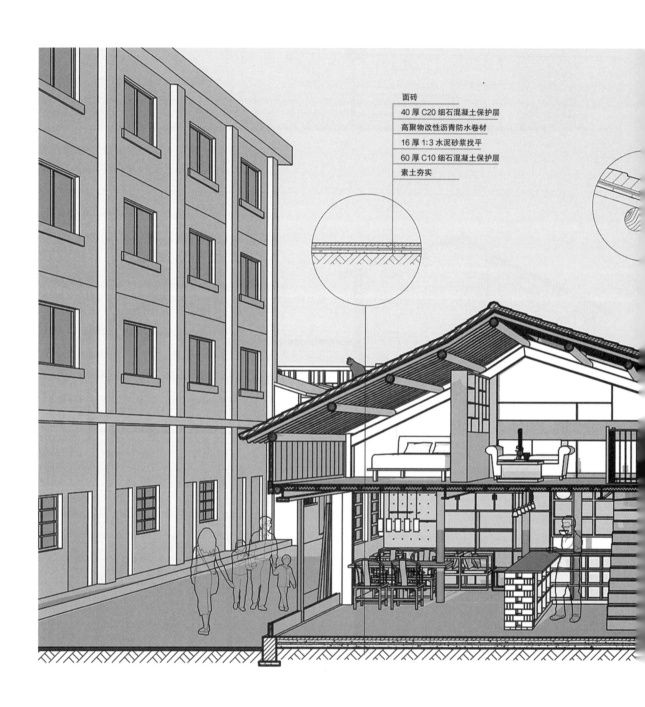

面砖

40 厚 C20 细石混凝土保护层

高聚物改性沥青防水卷材

16 厚 1:3 水泥砂浆找平

60 厚 C10 细石混凝土保护层

素土夯实

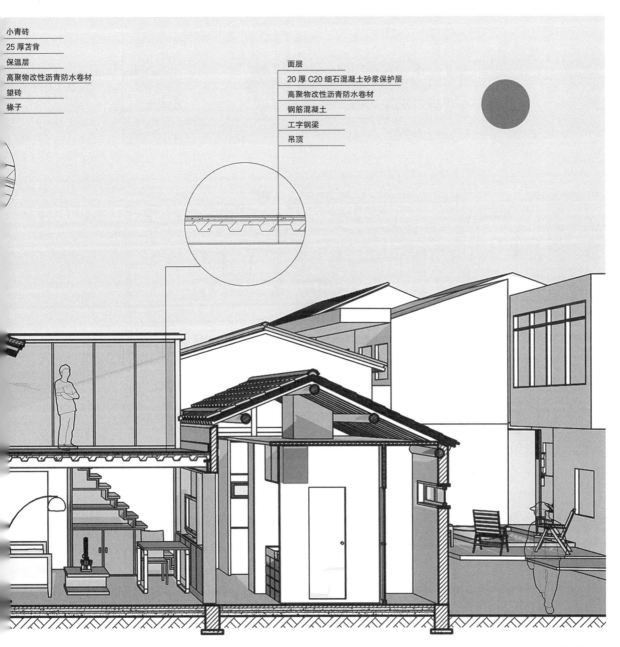

小青砖

25 厚苫背

保温层

高聚物改性沥青防水卷材

望砖

椽子

面层

20 厚 C20 细石混凝土砂浆保护层

高聚物改性沥青防水卷材

钢筋混凝土

工字钢梁

吊顶

1-1 剖透视图

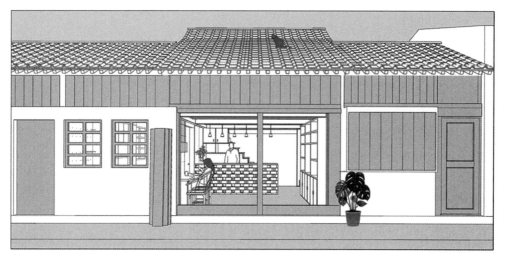

临街界面

茶店

主人茶室

屋顶平台

起居室

后巷看向卧室

3.1.2　周铁传统村东西街香烛店改造（二）

方案设计：张雨秋

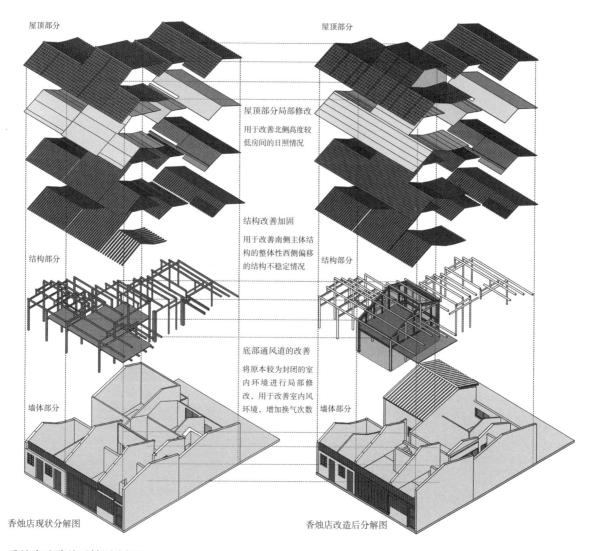

香烛店改造前后轴测分解图

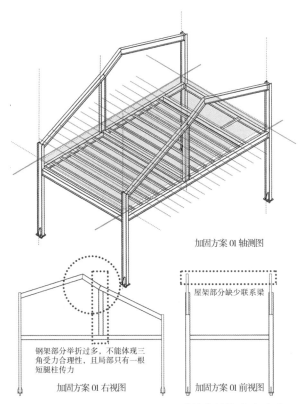

加固方案 01 轴测图

钢架部分举折过多，不能体现三
角受力合理性，且局部只有一根
短腿柱传力

加固方案 01 右视图

屋架部分缺少联系梁

加固方案 01 前视图

香烛店结构安全改造 1

结构加固方案 01

原有结构的加固方案只考虑将两榀结构进行东西向的联系，整体传力的框架性存在受力传递不合理的情况。屋顶部分重量通过檩条传递至框架上侧的钢架举折部分，并没有体现三角形钢架受力的合理性。同时，顶部屋架部分东西向无联系钢梁，东西向仍会存在侧偏情况。

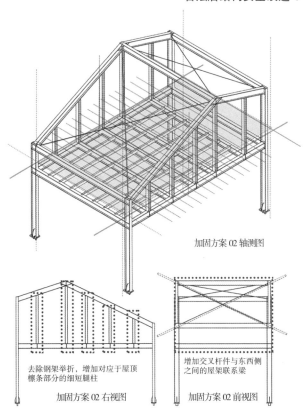

加固方案 02 轴测图

去除钢架举折，增加对应于屋顶
檩条部分的细短腿柱

加固方案 02 右视图

增加交叉杆件与东西侧
之间的屋架联系梁

加固方案 02 前视图

香烛店结构安全改造 2

结构加固方案 02

改进结构加固方案考虑空间受力传递的三向整体性。不仅在楼板面增加南北向的联系杆件，而且增加屋架部分的东西两侧联系，使用联系梁与交叉杆件增加屋架部分的空间整体性，使得屋顶传输的重量能合理传到柱子上。同时两侧加设的短腿柱能够对应上方檩条，提高受力合理性。

香烛店原有的空间布局较为密集，内部通风不畅，只有沿街面有局部通风，内部的东西两侧天井并未连通，不能形成有效的内部空气对流效果。因此，需要从引入外部通风与加强内部对流两方面入手。

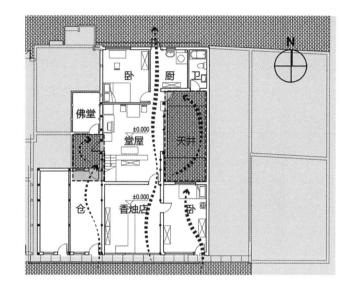

香烛店现状一层平面图

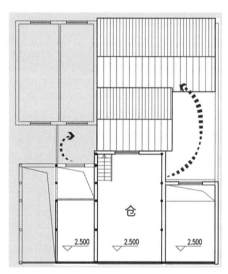

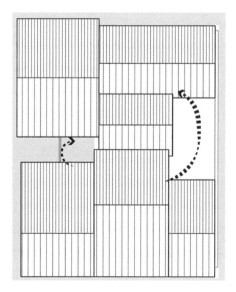

香烛店改造前物理性能分析

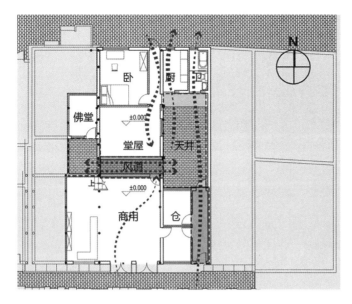

改造后香烛店将东西两侧天井连通，在建筑体内部形成空气对流，缓解了通风不足带来的空气质量差等问题。同时，在建筑东南侧部分，将原有的卧室空间进行改造，形成狭窄风道，从而提高建筑的通风量，增加室内换气次数。

香烛店改造后一层平面图

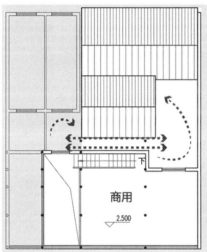

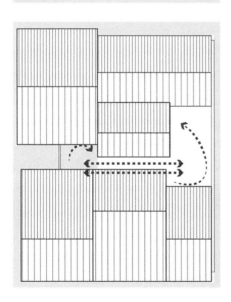

香烛店改造物理性能分析

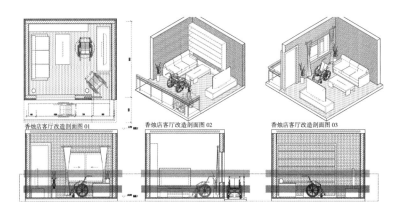

香烛店客厅适老化改造

香烛店客厅改造剖面图 01　　香烛店客厅改造剖面图 02　　香烛店客厅改造剖面图 03

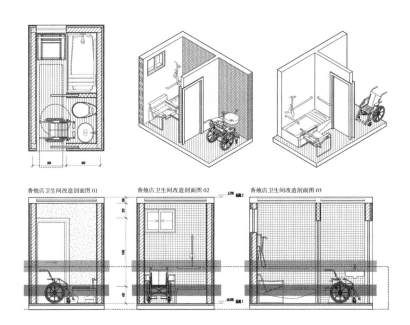

香烛店卫生间适老化改造

香烛店卫生间改造剖面图 01　　香烛店卫生间改造剖面图 02　　香烛店卫生间改造剖面图 03

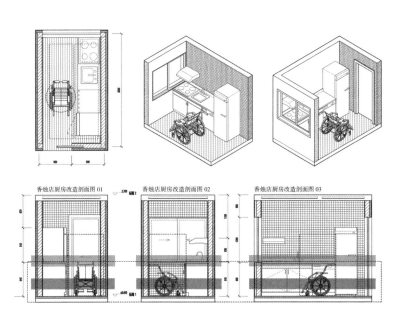

香烛店厨房适老化改造

香烛店厨房改造剖面图 01　　香烛店厨房改造剖面图 02　　香烛店厨房改造剖面图 03

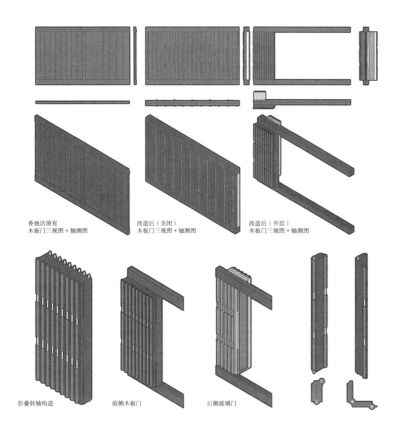

香烛店原有
木板门三视图 + 轴测图

改造后（关闭）
木板门三视图 + 轴测图

改造后（开启）
木板门三视图 + 轴测图

折叠转轴构造

前侧木板门

后侧玻璃门

传统木门、木板墙的改进方案 01
双层折叠门（入户门）

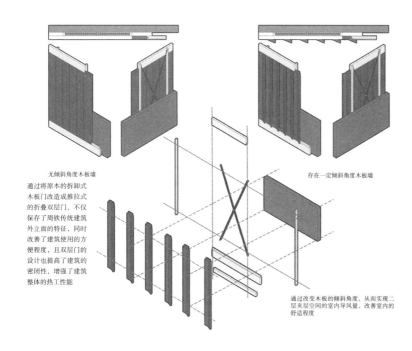

无倾斜角度木板墙

存在一定倾斜角度木板墙

通过将原本的拆卸式
木板门改造成推拉式
的折叠双层门，不仅
保存了周铁传统建筑
外立面的特征，同时
改善了建筑使用的方
便程度，且双层门的
设计也提高了建筑的
密闭性，增强了建筑
整体的热工性能

通过改变木板的倾斜角度，从而实现二
层夹层空间的室内导风量，改善室内的
舒适程度

传统木门、木板墙的改进方案 02
导风板木板墙（二层夹层木板墙）

3.1.3 周铁传统村南北街民居改造（一）

方案设计：陈修桦

建筑选择：北街西侧第三间危房。

现状矛盾：旧现状与新要求。

新要求：

（1）功能新要求：商业——居住。

（2）空间新要求：展示——生活。

（3）技术新要求：框架——模块。

旧现状：

优点是框架体系，可以对围合体系重新操作；缺点是中国古建筑以间为单位，建筑内部空间之间的划分与新要求的矛盾。

设计策略：轻介入。通过新的元素的置入，与旧结构一起，满足新的要求。

改造建筑（一）效果图

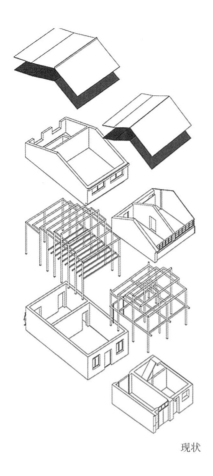

现状

近期

现状与近期保护分析

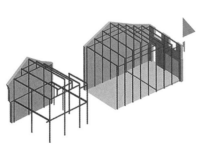

保护整理：在分析原有结构的基础上，选择有历史意义和
结构意义的构件进行保存

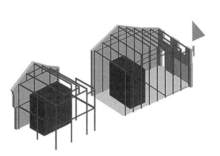

轻介入：加入新的结构，以满足新的功能和结构要求，
提升建筑品质

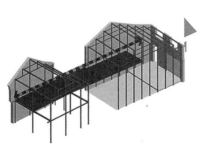

联系：进深方向的典型处理方法，将各个建筑房间和院子
串联起来

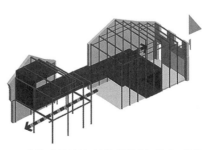

关系：将原空间上下和前后都划分为两部分，满足新
的商业和居住功能

逻辑生成

通过分析建筑元素的重要程度，选择保留原有框架，拆除墙体等围护体系，也能更方便地划分空间；再置入新的钢框架体系，联系前后空间的同时划分空间，满足当下的使用需求。

通过植入结构，沿进深方向设计和解决场地问题，改变建筑的空间划分方式、功能和空间品质，满足建筑当前的使用需求，使生产和生活的关系更和谐。同时实现新的建筑功能以及建筑与街道的互动关系。

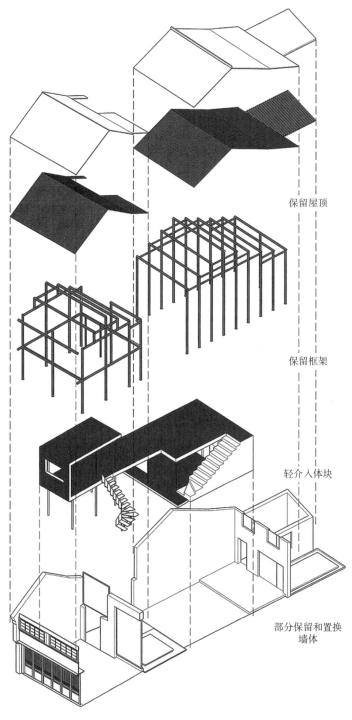

保留屋顶

保留框架

轻介入体块

部分保留和置换
墙体

分解轴测

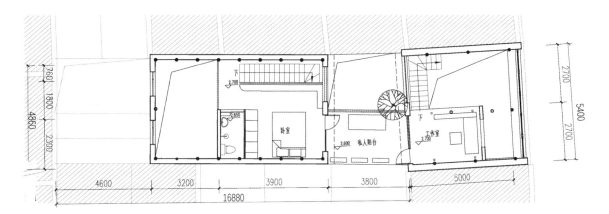

二层平面图

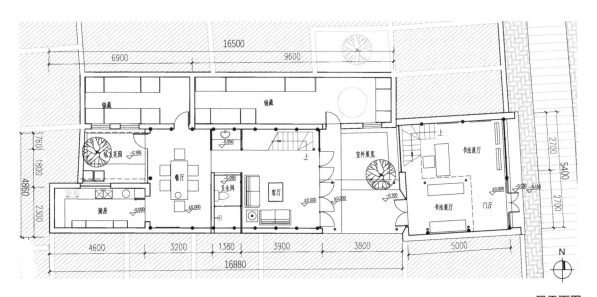

一层平面图

卧室透视图

茶房透视图

客厅透视图

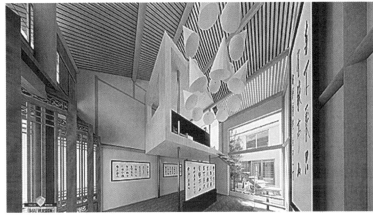

书房透视图

剖透视图 1-1

3.1.4 周铁传统村南北街民居改造（二）

方案设计：白雨

改造建筑（二）效果图

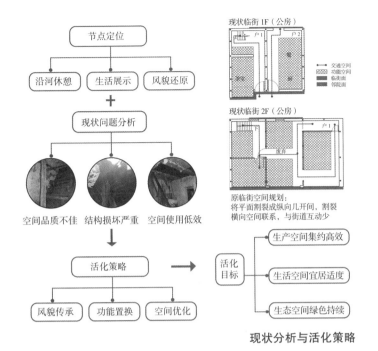

建筑改造着重改善居住品质：重建尺寸过小的卫生间、楼梯等；增建阳台、夹层；功能合理布局；上下贯通，天窗采光改变黑暗环境。中部庭院除去洗衣洗菜功能，设置绿植恢复休憩空间；两侧打开视线。前部将一间独直茶室和一租户的餐厅整合为商业空间；一层特色小吃店加售卖，二层为贯通带露台的茶室。

现状临街1F（公房）

现状临街2F（公房）

原临街空间规划：
将平面割裂成纵向几开间，割裂横向空间联系，与街道互动少

节点定位

沿河休憩　生活展示　风貌还原

现状问题分析

空间品质不佳　结构损坏严重　空间使用低效

活化策略

风貌传承　功能置换　空间优化

活化目标

生产空间集约高效

生活空间宜居适度

生态空间绿色持续

现状分析与活化策略

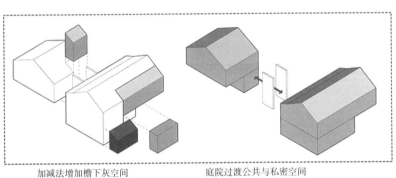

加减法增加檐下灰空间　　庭院过渡公共与私密空间

沿街商业空间策略——化零为整

后部居住空间策略——化整为零

空间提升

改造前　　改造后

功能置换

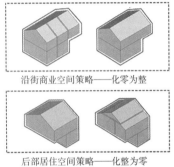

门窗满开　　院落拔风

· 天窗采光　　· 空调外机
· 百叶遮阳　　· 设备装饰化

性能优化

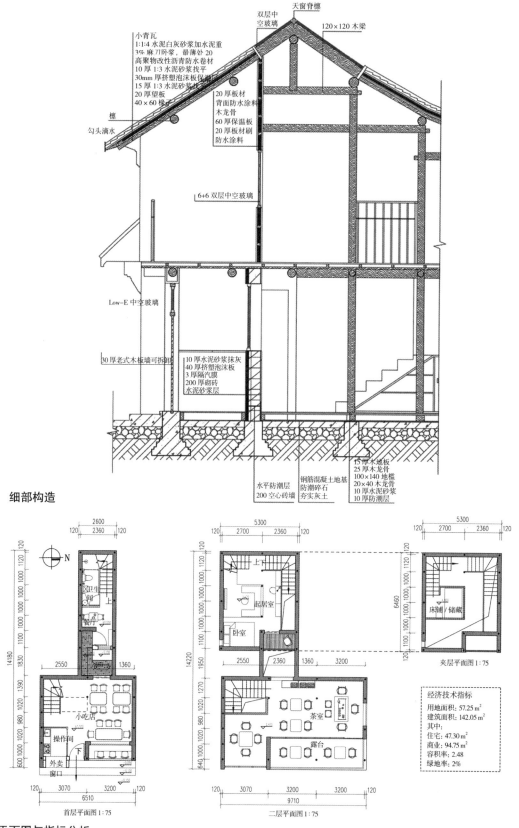

细部构造

平面图与指标分析

经济技术指标
用地面积：57.25 m²
建筑面积：142.05 m²
其中：
住宅：47.30 m²
商业：94.75 m²
容积率：2.48
绿地率：2%

首层平面图 1:75

二层平面图 1:75

夹层平面图 1:75

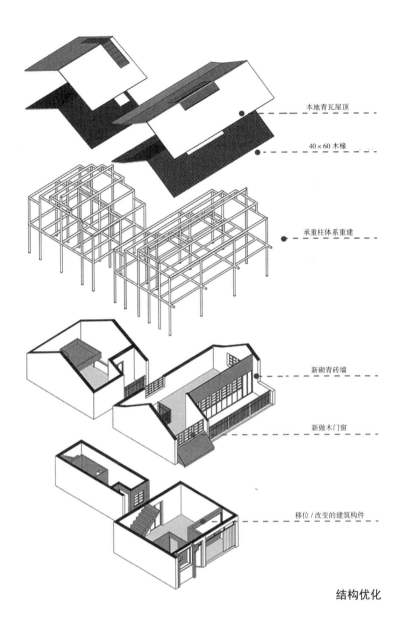

本地青瓦屋顶

40×60 木椽

承重柱体系重建

新砌青砖墙

新做木门窗

移位/改变的建筑构件

结构优化

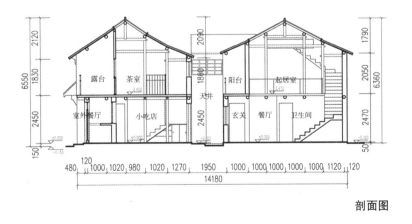

剖面图

楼梯透视图

转角透视图

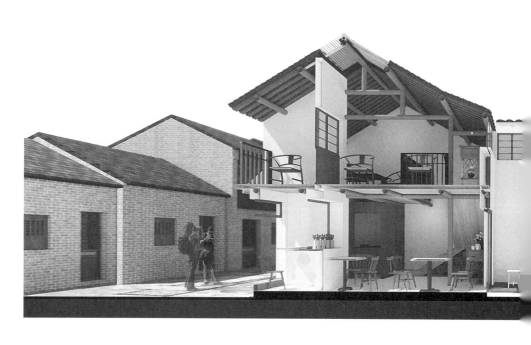

一层就餐区

阁楼透视图

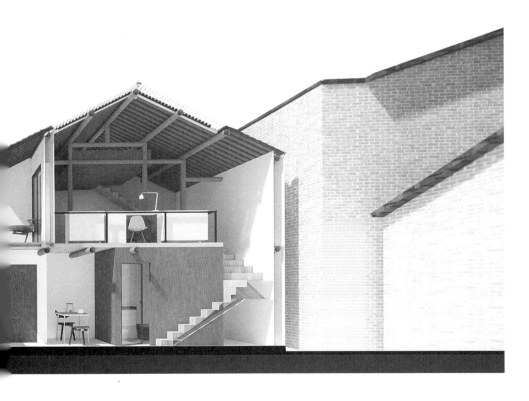

剖透视图 1-1

3.1.5　周铁传统村南北街民居改造（三）

方案设计：李孟睿

改造建筑（三）效果图

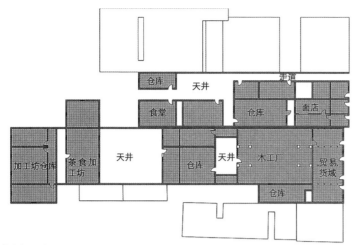

所选民居位于周铁传统村北街西侧，属于多进多开间有院落的复合型典型建筑。该建筑原为所属老供销社片区的木工工厂，后经自家改建退出院落设置隔墙以居住使用。由于其地理位置和特殊的发展历程，空间形式具有典型价值，因此对其进行深化设计。

老供销社：过去

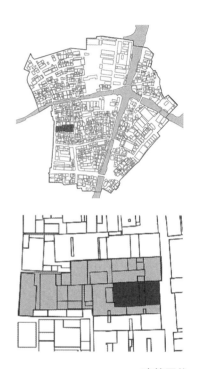

建筑区位

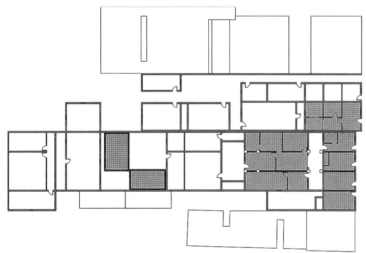

老供销社：现在
多为居住功能，有自改、自加建现象

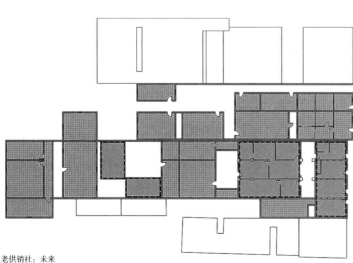

老供销社：未来
适当拆除改加建，恢复梳理原有巷道公共空间

历史沿革与基本策略

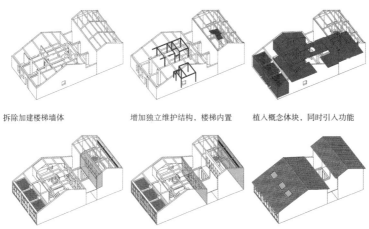

生成过程

拆除加建楼梯墙体　　　　增加独立维护结构，楼梯内置　　　植入概念体块，同时引入功能

设置阳台，沟通建筑庭院　　　立面开放，建筑与自然和谐统一　　设置天窗，解决自然采光

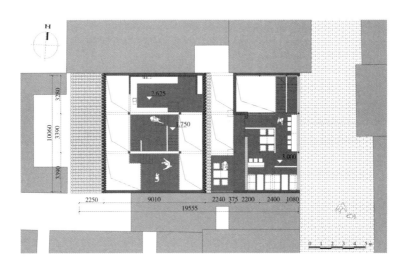

二层平面图

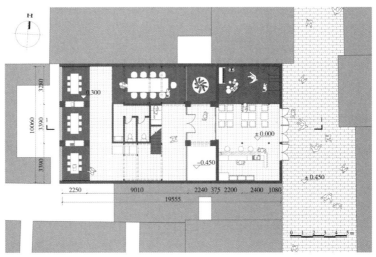

一层平面图

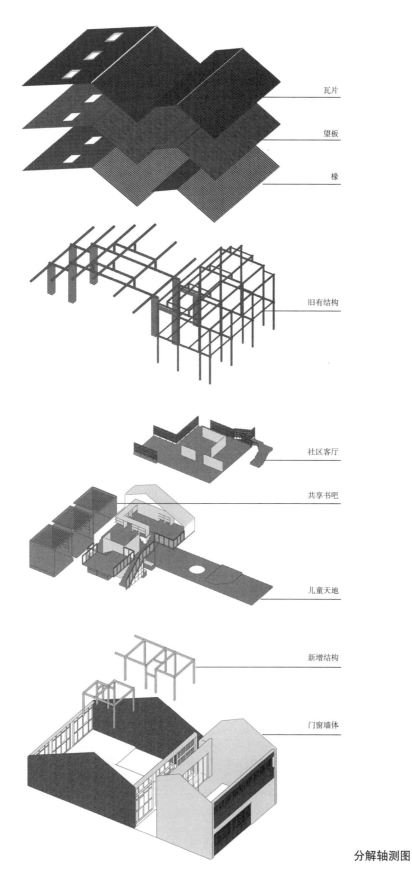

瓦片

望板

椽

旧有结构

社区客厅

共享书吧

儿童天地

新增结构

门窗墙体

分解轴测图

吧台区透视图

楼梯透视图

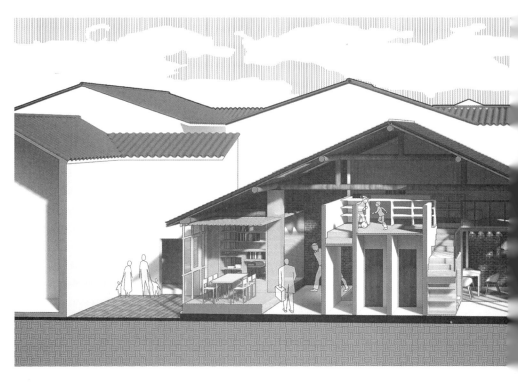

就餐区透视图

露台透视图

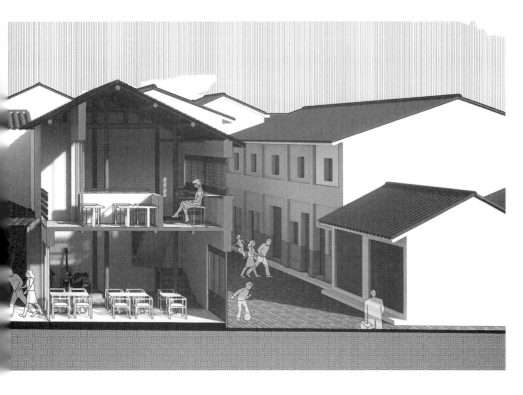

剖透视图 1-1

3.1.6　周铁传统村东西街杂货铺改造

方案设计：袁玥

建筑位于周铁传统村十字街口北侧，是典型"底商上住"模式的建筑，为一对老夫妇使用。基于户主的真实需求和规划定位，对建筑进行近期和远期两个阶段的改造设计。近期旨在提升物理环境与适老化设计，远期则旨在功能升级与建筑再设计。

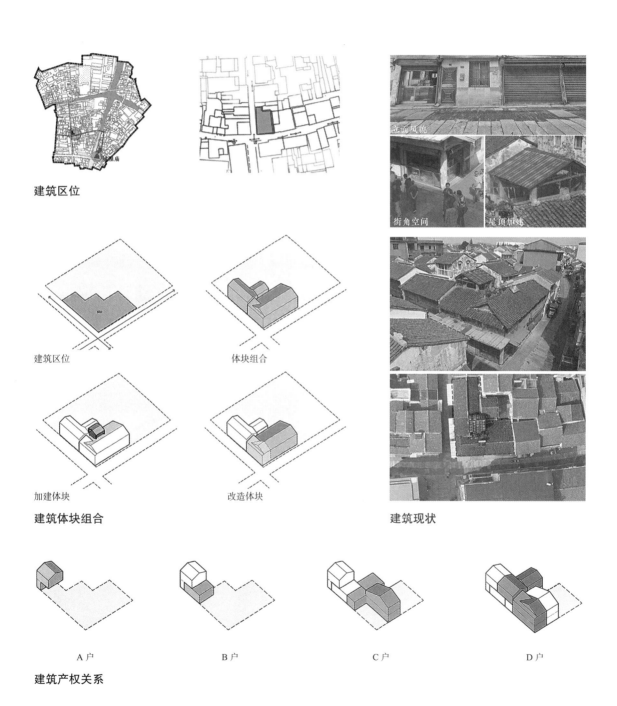

建筑区位

建筑区位　　　　　　　　　体块组合

加建体块　　　　　　　　　改造体块

建筑体块组合

立面风貌

街角空间　　屋顶加建

建筑现状

A 户　　　　　　　B 户　　　　　　　C 户　　　　　　　D 户

建筑产权关系

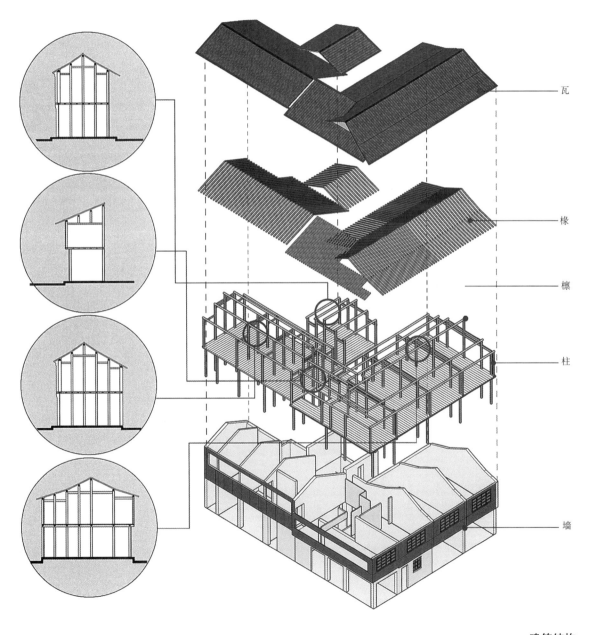

瓦

椽

檩

柱

墙

建筑结构

5.400

810

勾头

330

可开
Low-

940

背

780

2.540

20厚板材

440

2100

± 0.000
−0.150

150

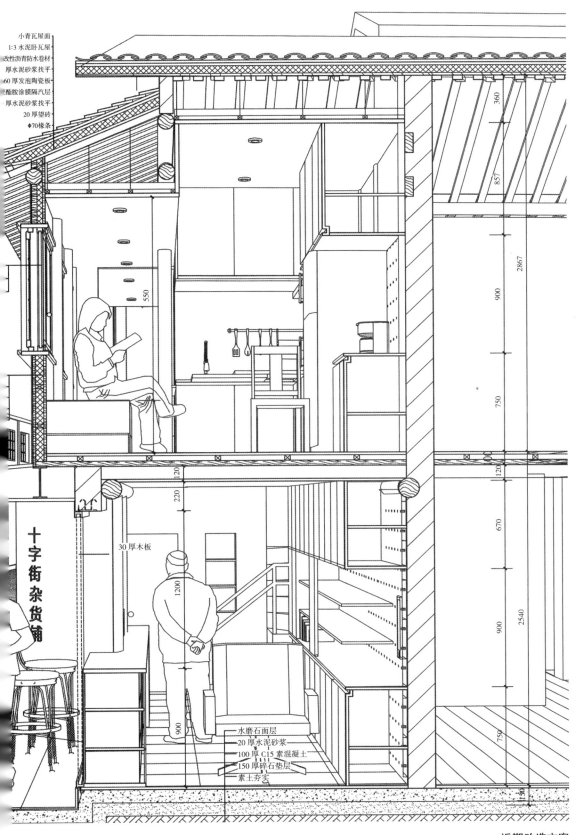

小青瓦屋面
1:3 水泥卧瓦屋
改性沥青防水卷材
厚水泥砂浆找平
60 厚发泡陶瓷板
聚酯胺涂膜隔汽层
厚水泥砂浆找平
20 厚望砖
◆70 椽条

550

十字街杂货铺

30 厚木板

1200

900

220
120

水磨石面层
20 厚水泥砂浆
100 厚 C15 素混凝土
150 厚碎石垫层
素土夯实

360

857

2867

900

750

120

670

900

2540

75φ

50

近期改造方案

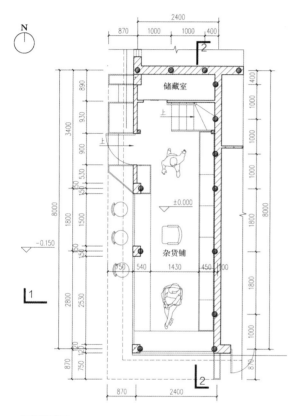

一层平面图

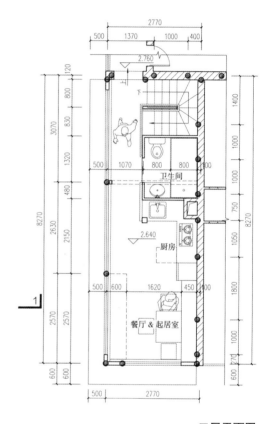

二层平面图

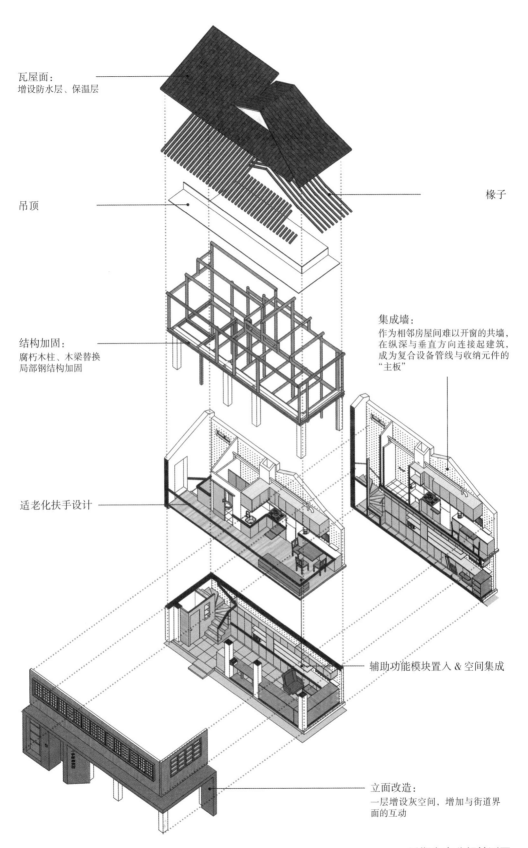

瓦屋面：
增设防水层、保温层

椽子

吊顶

集成墙：
作为相邻房屋间难以开窗的共墙，
在纵深与垂直方向连接起建筑，
成为复合设备管线与收纳元件的
"主板"

结构加固：
腐朽木柱、木梁替换
局部钢结构加固

适老化扶手设计

辅助功能模块置入 & 空间集成

立面改造：
一层增设灰空间，增加与街道界
面的互动

近期方案分解轴测图

对建筑空间进行模块化设计，划分为卫生间模块、楼梯间模块、厨房模块、起居室模块和组合模块。

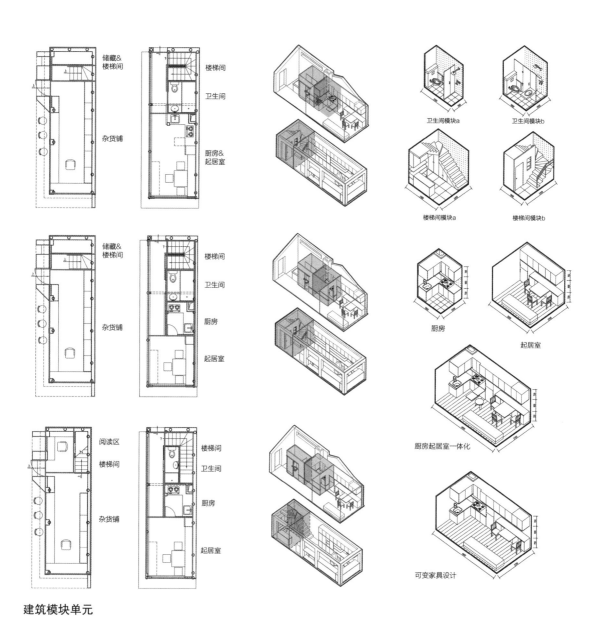

建筑模块单元

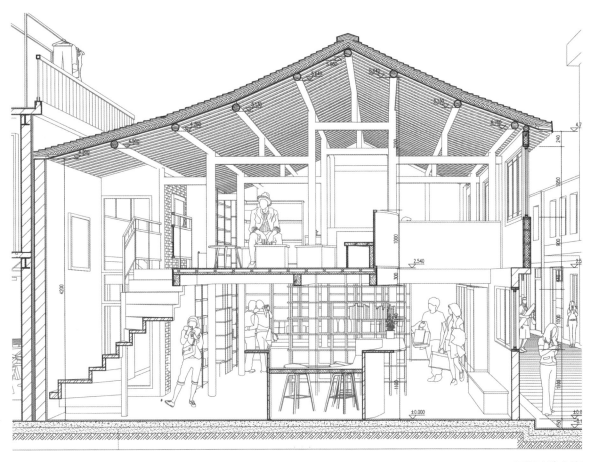

远期改造方案

通过对屋顶的重新梳理和对结构构件的增加来改善原始房屋
状况。

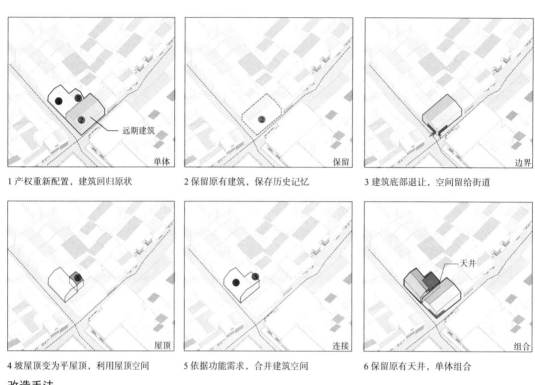

1 产权重新配置，建筑回归原状　　　　2 保留原有建筑，保存历史记忆　　　　3 建筑底部退让，空间留给街道

4 坡屋顶变为平屋顶，利用屋顶空间　　　5 依据功能需求，合并建筑空间　　　　6 保留原有天井，单体组合

改造手法

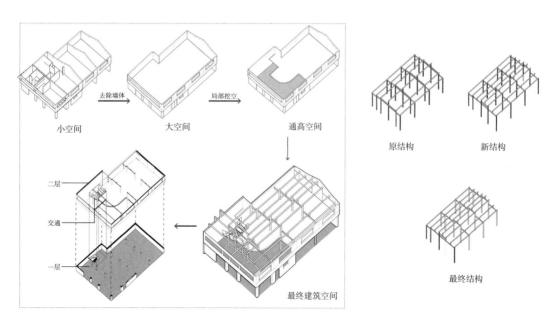

建筑结构

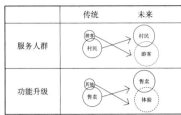

	传统	未来
服务人群	游客 村民	村民 游客
功能升级	其他 售卖	售卖 体验

功能策划图

远期考虑到老人年龄问题及建筑产权重新配置，建筑空间得以回归原始状态；在此基础上，对建筑进行远期设计。据访谈，杂货铺作为建筑的商业功能已有70余年历史。建筑位于村域中心，是村民生活服务的中心，且建筑位于商业街核心节点，是游客购物、游览的必经之处。

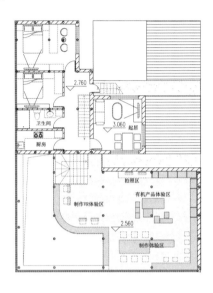

二层平面图

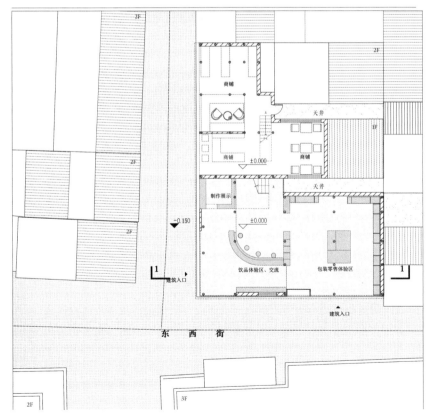

一层平面图

3.1.7 周铁传统村沿河三进院落改造民宿

方案设计：张婷婷

结合居民休闲交流以及游客的体验停留的需求，远期发展特色民宿，通过"绘生绘色"，结合写生基地打造展览、用餐、居住、活动一体化的"民宿+"，以此活动带动居民与游客的互动，在空间、行为、体验方面使两者能够和谐发展。

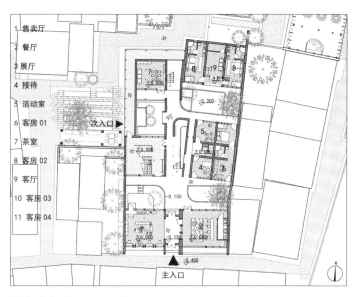

1. 售卖厅
2. 餐厅
3. 展厅
4. 接待
5. 活动室
6. 客房01
7. 茶室
8. 客房02
9. 客厅
10. 客房03
11. 客房04

活化改造后一层平面图

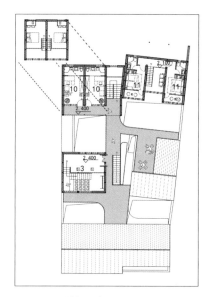

活化改造后二、三层平面图

活化改造效果图

现状分析

建筑位于周铁传统村十字河西岸沿街内巷，靠近东西街与十字河交接处，区位优势较好，同时是在周铁传统村保留相对完整的典型的三进院落形式。目前屋主已搬离而对外出租，但屋主对这里曾经的生活历历在目，充满回忆。基于户主的需求和规划定位，结合场地对建筑进行近期和远期两个阶段的改造设计：

近期：居住（外来租户居住）

目标：空间共享，提高居住环境质量。

远期：民宿＋旅游服务商业

目标：重塑肌理，周铁传统村原型转译集成实践，丰富交流体验。

建筑产权重新配置，建筑空间得以回归原始状态，在此基础上对建筑进行远期设计。

建筑型制完好，保留传统生活面貌，利用现有环境进行阶段性发展，加快与民宿模式的融合。

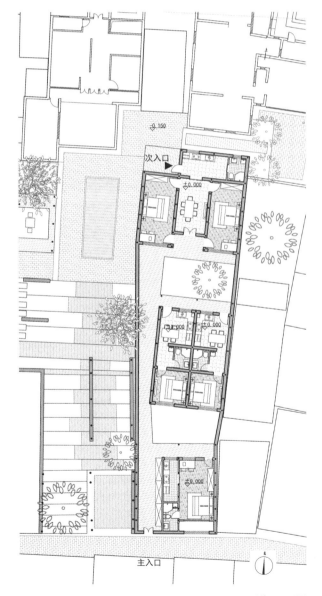

近期平面图

现状场地流线单一，建筑界面封闭，对游客吸引力较低，场地内向性强，通过场地周边环境要素激发活力，以点带面激活区域。丰富建筑流线，功能活动重新植入，与周边环境产生互动，院落空间平行与垂直交互，满足当地居民日常休闲以及外来游客体验生活，感受当地文化。

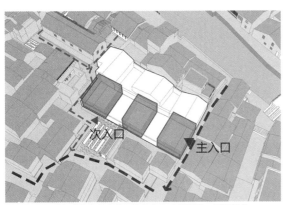

场地与基地融合形成主次流线，体块契合建筑肌理，新旧结合

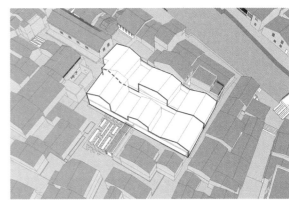

强化典型院落空间，突出建筑特色

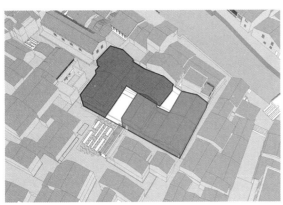

根据功能流线进行动静分区，置入新功能

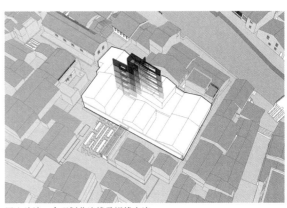

置入片墙，合理划分流线及视线交流

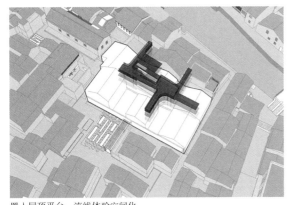

置入屋顶平台，流线体验空间化

打开界面，实现内外渗透

设计思路

该三进院落南邻东西街，东近横塘河，北与老浴室相邻，西与内部居民圈相接，同时是周铁传统村院落型制的建筑原型中保留较为完整的，所以无论是从地域还是建筑自身条件，都具有一定的发展潜力，即作为沿河界面向内部延伸的激发点，切实形成周铁传统村整体活态化的发展目标。

远期民宿轴测图

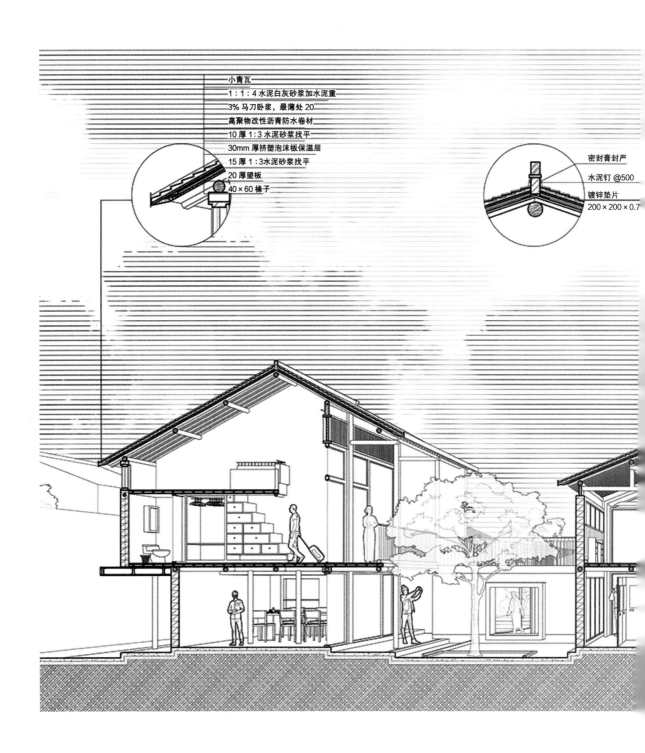

小青瓦
1：1：4水泥白灰砂浆加水泥重
3%马刀卧浆，最薄处20
高聚物改性沥青防水卷材
10厚1：3水泥砂浆找平
30mm厚挤塑泡沫板保温层
15厚1：3水泥砂浆找平
20厚望板
40×60椽子

密封膏封严
水泥钉@500
镀锌垫片
200×200×0.7

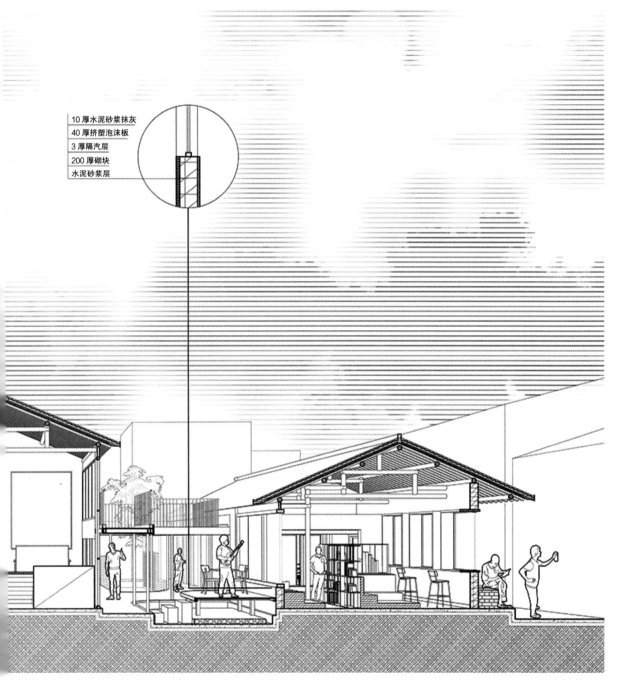

10 厚水泥砂浆抹灰
40 厚挤塑泡沫板
3 厚隔汽层
200 厚砌块
水泥砂浆层

剖透视图 1-1

一层庭院

走廊望庭院

一层走廊

剖透视图 1

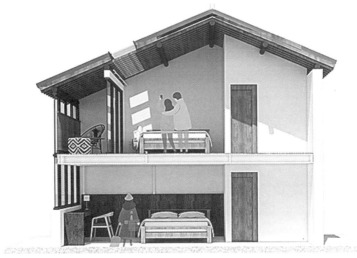

剖透视图 2

剖透视图 3

3.1.8 陆巷村三德堂现状

三德堂位于陆巷紫石街东侧，康庄巷入口处，临近遂高堂，经
自家改建封闭庭院作餐厅旅店使用。

区位分析

三德堂建筑分析

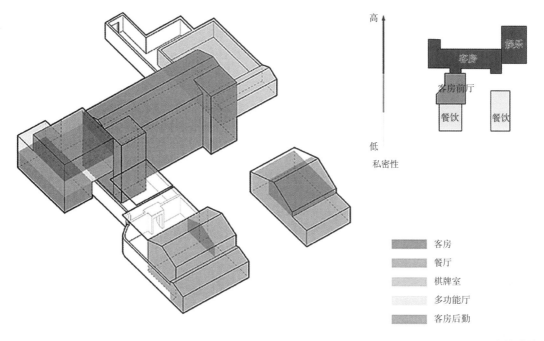

高

低

私密性

客房

餐厅

棋牌室

多功能厅

客房后勤

建筑功能

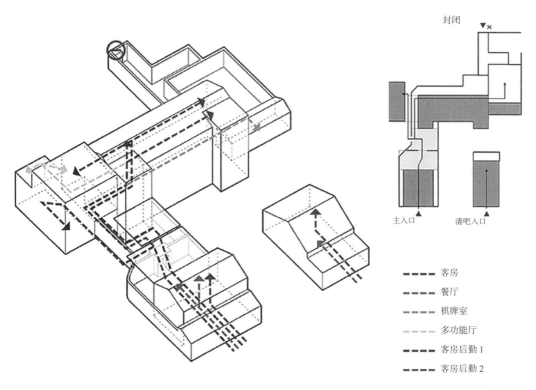

封闭

主入口

清吧入口

客房

餐厅

棋牌室

多功能厅

客房后勤1

客房后勤2

建筑流线

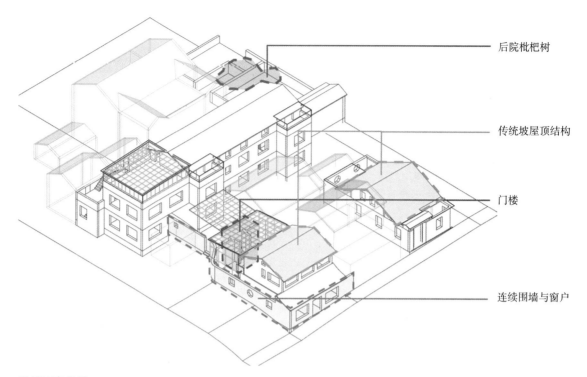

後院枇杷樹

傳統坡屋頂結構

門樓

連續圍牆與窗戶

現狀要素分析

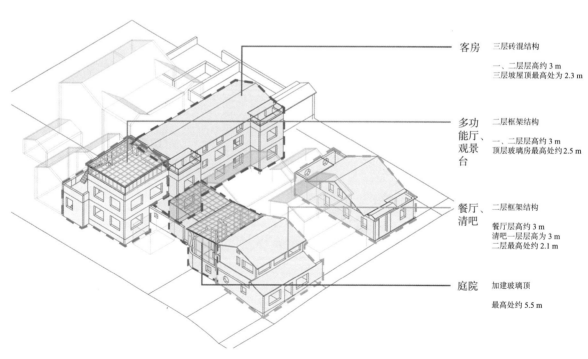

客房	三層磚混結構
	一、二層層高約 3 m 三層坡屋頂最高處為 2.3 m
多功能廳、觀景台	二層框架結構
	一、二層層高約 3 m 頂層玻璃房最高處約 2.5 m
餐廳、清吧	二層框架結構
	餐廳層高約 3 m 清吧一層層高為 3 m 二層最高處約 2.1 m
庭院	加建玻璃頂
	最高處約 5.5 m

現狀結構分析

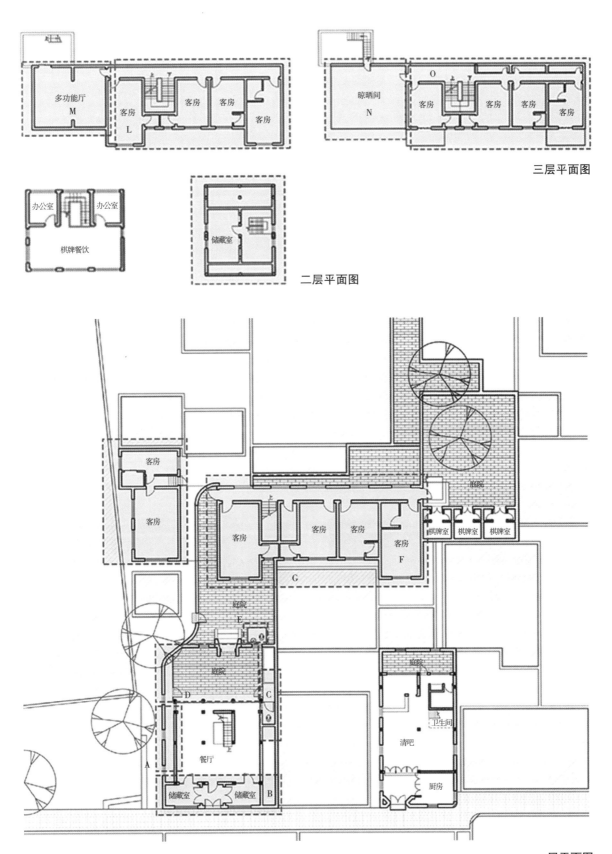

多功能厅
M

客房
L

客房

客房

客房

晾晒间
N

O

客房

客房

客房

客房

三层平面图

办公室

办公室

棋牌餐饮

储藏室

二层平面图

客房

客房

客房

客房

客房

客房

F

棋牌室

棋牌室

棋牌室

庭院

G

庭院

E

庭院

庭院

D

C

卫生间

清吧

A

餐厅

厨房

储藏室

储藏室

B

一层平面图

平面图

A　沿街空间利用性差

B　厨房用品靠墙摆放，杂乱且浪费空间

C　卫生间缺乏私密性，影响庭院空间

玻璃墙体与原有围墙间空间利用率低，门当户对等有历史价值的藏品未发挥其价值

D　庭院杂乱，新建玻璃顶与原有结构交接不明确

E　一层围墙外客房可达性、空间环境差

F　一层客房私密性、采光差，入口空间环境差

G 后院空间杂乱，树木未整理，后门未充分利用

H 清吧前院加玻璃顶棚，内部原为厨房，空间质量低

I 清吧内部杂乱，楼梯打断前后空间关系，后院环境差

K 多功能厅可达性、利用率低

L 客房环境差，卫生间位置不适合，景观未利用

M 清吧二层现为储藏室，层高低，环境差

J 与遂高堂间广场环境差

N 屋顶露台现为衣物晾晒玻璃房，浪费景观资源

O 三层层高低，走道狭窄

现状问题

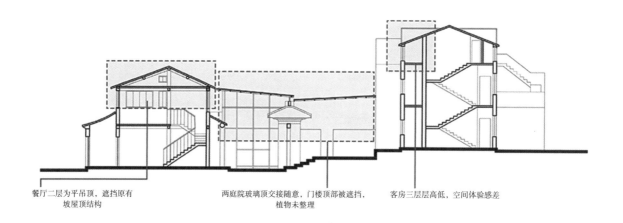

餐厅二层为平吊顶，遮挡原有
坡屋顶结构

两庭院玻璃顶交接随意，门楼顶部被遮挡，
植物未整理

客房三层层高低，空间体验感差

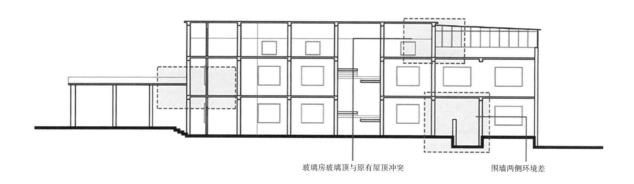

玻璃房玻璃顶与原有屋顶冲突

围墙两侧环境差

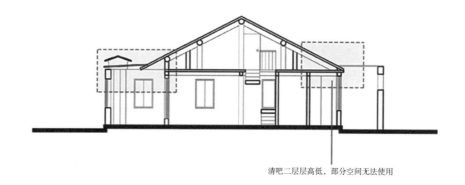

清吧二层层高低，部分空间无法使用

现状剖面及对应问题

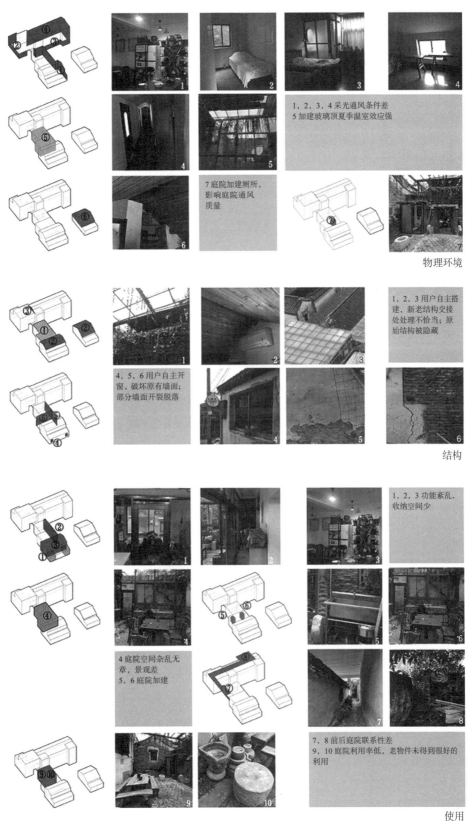

1, 2, 3, 4 采光通风条件差
5 加建玻璃顶夏季温室效应强

7 庭院加建厕所，影响庭院通风质量

物理环境

1, 2, 3 用户自主搭建，新老结构交接处处理不恰当；原始结构被隐藏

4, 5, 6 用户自主开窗，破坏原有墙面；部分墙面开裂脱落

结构

1, 2, 3 功能紊乱，收纳空间少

4 庭院空间杂乱无章，景观差
5, 6 庭院加建

7, 8 前后庭院联系性差
9, 10 庭院利用率低，老物件未得到很好的利用

使用

现状问题分析

3.1.9 陆巷村三德堂民宿改造（一）

方案设计：罗淇桓、张聪慧

场地历史要素

历史物件提取

场地材质提取

改造后鸟瞰图

基于总体发展策略，建筑单体改造策略通过对历史建筑元素的提取与转化、庭院空间的营造，提出了历史与现代、建筑与自然、村民与游客的多元素和谐共生、相辅相成的场地模式，融入展览、体验、文创、休闲、餐饮和住宿的多功能复合的模式，并计划引入新的管理模式，最终形成富有历史文化气息、传统庭院体验和多功能复合的现代民宿。

　　针对村落内不同人群对建筑空间的全时段使用需求进行分析，将单一住宿转变为体验、休闲、观览结合的复合模式建筑，同时将原有建筑的元素进行提取和转化，进行前广场、前庭院和后庭院的空间营造设计。

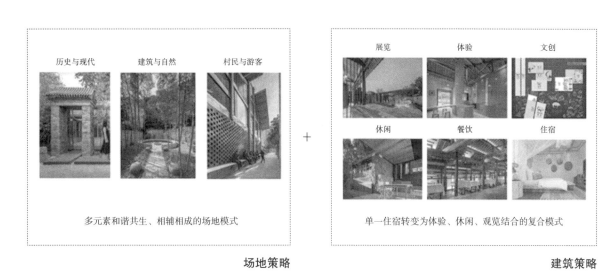

场地策略　　　　　　　　　　　　　　　　　　　　　建筑策略

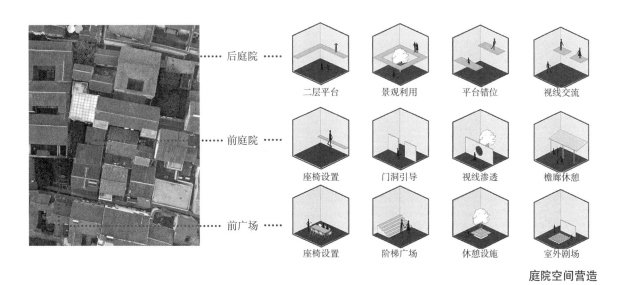

庭院空间营造

建筑生成的 6 个过程如下：

（1）清理建筑风貌较差的玻璃顶棚、加建厕所等。保留场地内部典型环境要素、历史要素。

（2）在靠近遂高堂一侧广场增加入口，利用广场吸引人流，使民宿有独立出入口，梳理庭院与广场关系。

（3）功能分置，南侧为洞庭商帮主题餐厅，北侧为民宿。

（4）考虑功能布置与实际使用，在原阳光房区域及庭院设置可自由开闭灰空间。对建筑原有门窗进行升级。

（5）围绕后庭院三棵保留的枇杷树加建钢结构楼梯与平台，形成新的檐下空间与平台空间，以扶手材质暗示空间，丰富游览体验与视线体验。

（6）在建筑屋顶增设天窗，对建筑原有卫生间的使用装配式模块进行替换。

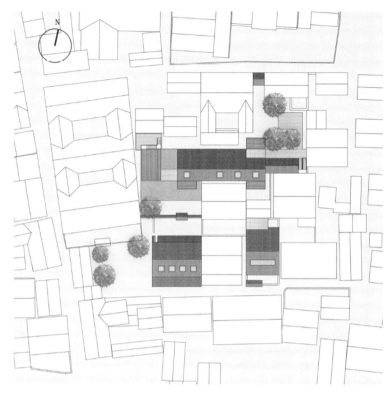

总平面图

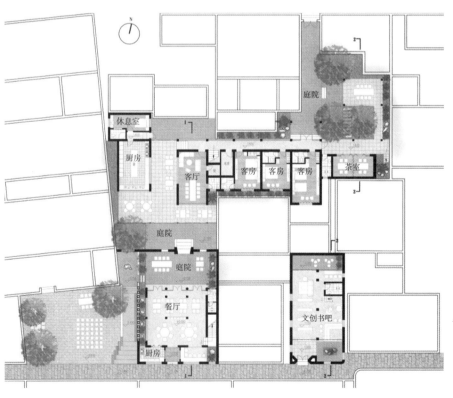

一层平面图

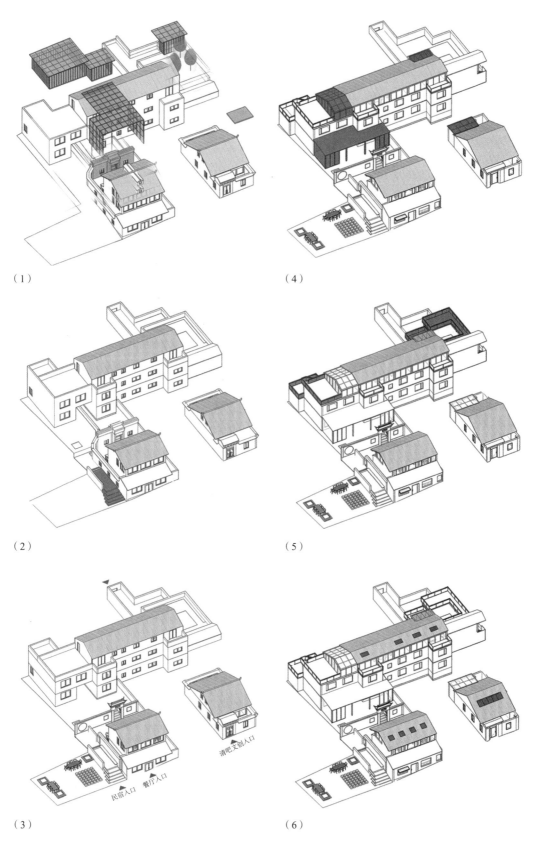

（1）

（2）

（3）

（4）

（5）

（6）

民宿入口　餐厅入口

清吧文创入口

建筑生成过程

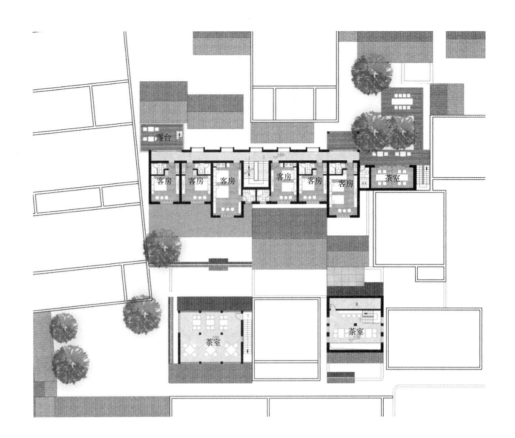

二层平面图

1-1 剖面图

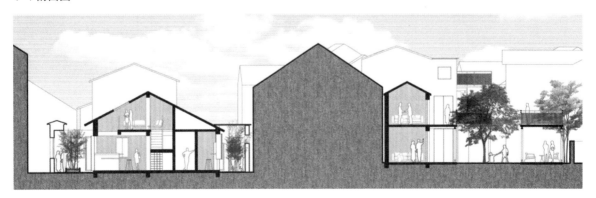

2-2 剖面图

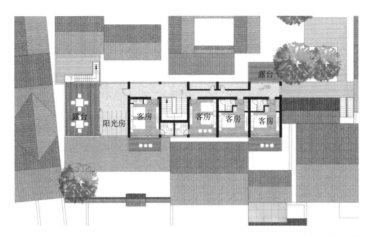

三层平面图

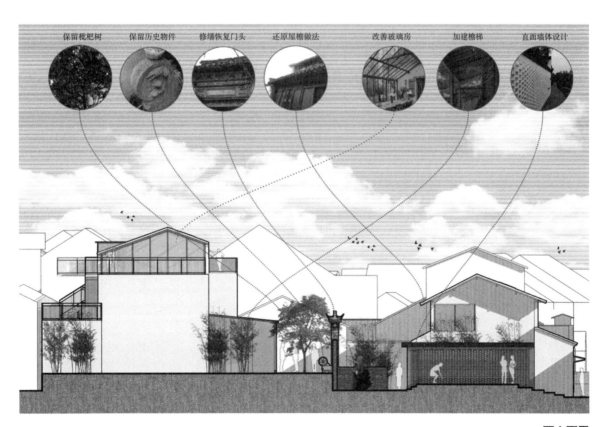

西立面图

将前庭院原有玻璃顶拆除，对庭院内门头进行整理修缮，恢复其历史风貌，并在庭院一侧增加披檐营造半室外空间；将棋牌室二层原有吊顶拆除，利用其坡屋顶空间，重新打造吊顶，展现构造美；将民宿顶层低矮的住宿空间外墙面改造成大面积幕墙，同时增加屋顶天窗，改善空间内部视觉效果。

轴测分解图

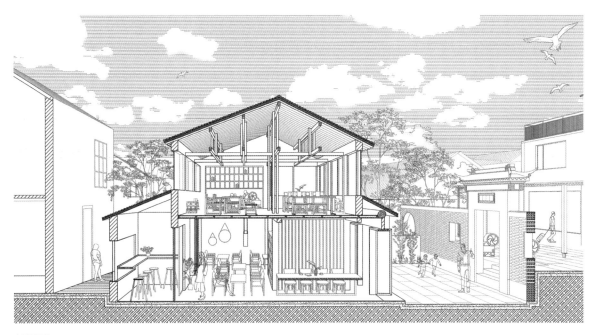

剖视图

民宿入口

檐廊灰空间

入口庭院

棋牌室

民宿室内

改造前后对比

原有民宿的一大优势，就是具有良好的景观视野，可以远眺太湖，于是设计时将顶层作为晾晒的阳光房拆除，成为开放的观景平台，为住客提供休憩观景的空间，成为民宿宣传的亮点；后庭院的三棵枇杷树体现了当地的产业特色，设计时将其保留，在庭院空间中加入板片元素，作为休息平台与民宿呼应，增加庭院空间的丰富性与趣味性。

后庭院

休息平台

观景平台

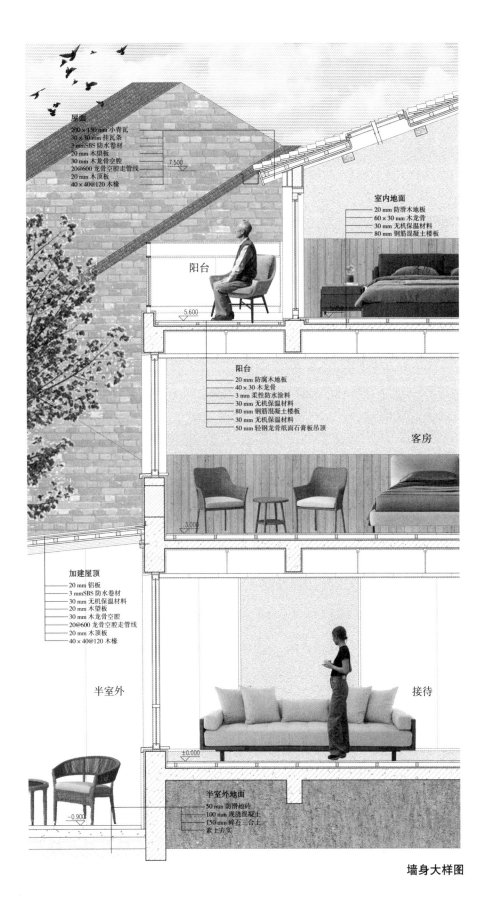

屋面
200×180 mm 小青瓦
30×30 mm 挂瓦条
3 mmSBS 防水卷材
20 mm 木望板
30 mm 木龙骨空腔
20@600 龙骨空腔走管线
20 mm 木顶板
40×40@120 木椽

7.500

室内地面
20 mm 防滑木地板
60×30 mm 木龙骨
30 mm 无机保温材料
80 mm 钢筋混凝土楼板

阳台

5.600

5.700

阳台
20 mm 防腐木地板
40×30 木龙骨
3 mm 柔性防水涂料
30 mm 无机保温材料
80 mm 钢筋混凝土楼板
30 mm 无机保温材料
50 mm 轻钢龙骨纸面石膏板吊顶

客房

3.000

加建屋顶
20 mm 铝板
3 mmSBS 防水卷材
30 mm 无机保温材料
20 mm 木望板
30 mm 木龙骨空腔
20@600 龙骨空腔走管线
20 mm 木顶板
40×40@120 木椽

半室外

接待

±0.000

半室外地面
50 mm 防滑地砖
100 mm 现浇混凝土
150 mm 碎石三合土
素土夯实

-0.900

墙身大样图

3.1.10　陆巷村三德堂民宿改造（二）

方案设计：刘琦、李琴

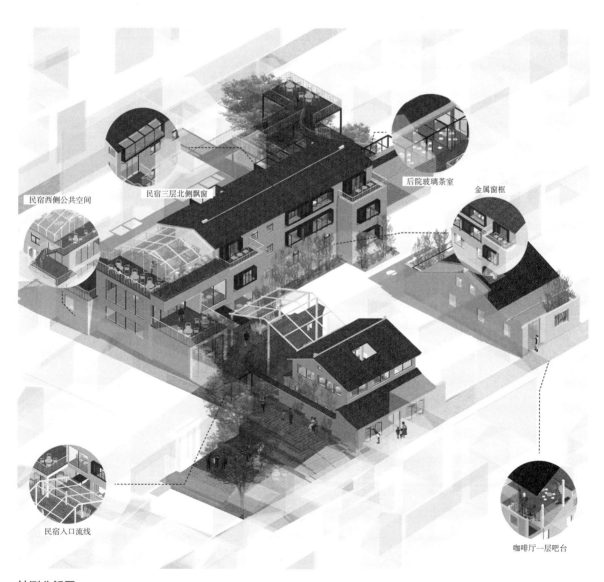

民宿西侧公共空间

民宿三层北侧飘窗

后院玻璃茶室

金属窗框

民宿入口流线

咖啡厅一层吧台

轴测分解图

1 二层餐厅
2 一层玻璃顶庭院
3 三层民宿
4 一层后院
5 二层清吧

1 遂高堂
2 古三德堂
3 惠和堂
4 新修住宅

在总体活态化策略的基础上，以三德堂为例，实现"三生"三层级——单体层面的活态化保护利用策略，三德堂作为区域范围内的核心节点，定位为集食宿、文化、体验为一体的展示工坊核心。

通过实地调研、现状分析，评估场地要素价值并提出单体改造策略，在保持原有肌理的基础上，将场地重点要素予以保留，拆除破坏风貌、影响空间使用感受等元素，植入新功能，提取村落特色产业元素并进行转化，将三德堂入口广场、庭院与后院联系区域进行空间规划，激活带动周边，实现农旅互融活态化保护利用。

整体区位

■ 砖混结构＋木屋架
■ 框架结构＋玻璃顶
■ 框架结构＋木屋架
■ 加建玻璃顶

现状结构

功能分配不合理
可达性、私密性差

■ 枇杷树
■ 门楼
■ 连续围墙与窗户
■ 传统坡屋顶

重点元素

空间利用效率差

景观资源浪费

 原有空间功能梳理　　 新功能植入

 空间舒适度提升　　 旅游吸引力提升

 陆巷古村特色文化传播

业主需求

物理环境较差

现状问题

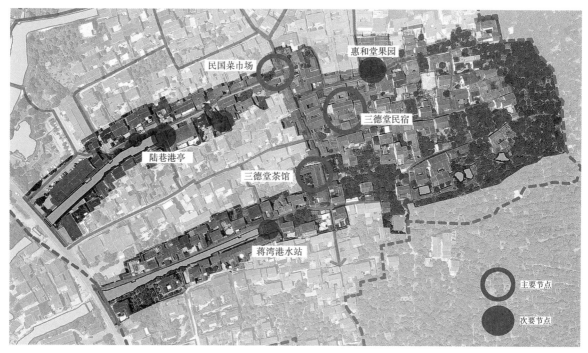

三德堂——集食宿、文化、体验于一体的展示工坊核心

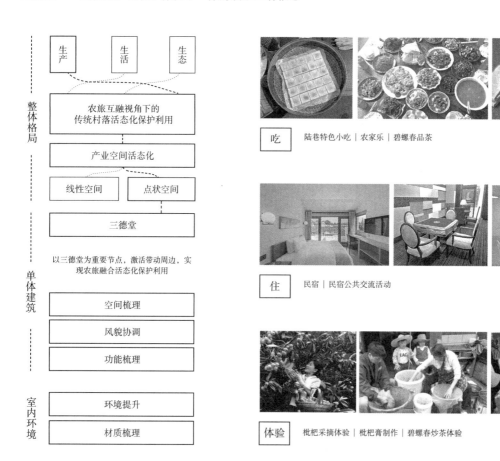

吃 | 陆巷特色小吃｜农家乐｜碧螺春品茶

住 | 民宿｜民宿公共交流活动

体验 | 枇杷采摘体验｜枇杷膏制作｜碧螺春炒茶体验

活态化策略

规划定位

枇杷树：
入口广场内两棵枇杷树
围墙转角处一棵枇杷树
后院三棵枇杷树
门楼
围墙外立面

重点要素保留

三德堂单体改造策略有：

（1）空间梳理。保留原有格局与结构，梳理室内外空间，局部增加可变空间。

（2）风貌协调。将场地要素进行评估，并分成保留、改造、拆除三类。

（3）功能梳理。梳理原有功能，植入新功能，互相协调。

（4）环境提升。针对物理环境提升目标，进行立面构造的局部改造。

（5）材质梳理。梳理立面、室内外地面、室内墙面材质，互相协调统一。

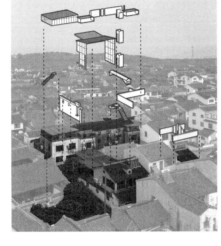

破坏风貌玻璃顶
民宿三层储藏室
民宿加建卫生间
阳光房楼梯
后半段围墙
后院围墙
清吧二层墙柱
餐厅现浇楼梯
餐厅屋顶老虎窗

拆除

采枇杷

售卖

坡屋顶

自然材料

要素提取与转化

改造后整体功能定位、服务人群、功能升级与空间类型将有所提升，功能与空间类型更加多样化，半室外空间增加更多活动发生的可能性，服务游客的同时也促进原住民参与，借此达到激活乡村内生动力的永续发展目标。

改造后重点空间有：① 多功能广场，提供游客与原住民休憩，同时作为三德堂入口广场；② 庭院用餐区，梳理原有庭院，置入餐饮、娱乐等有活力的活动，激活场地，成为餐厅与民宿的交会核心；③ 观景台，原有三层阳光房改为观景台，将重点景观资源最大化利用；④ 体验工坊，利用后院空间，结合三棵枇杷树、改造后的茶馆，使之成为陆巷产业体验流线核心。

金属窗框系统包含金属窗框、空调外机放置处与木制桌面、窗帘轨道，扩大内部使用空间并提供外部遮阳，提高空间舒适度，并解决空调外机破坏立面的问题。

多功能广场

庭院用餐区

体验工坊

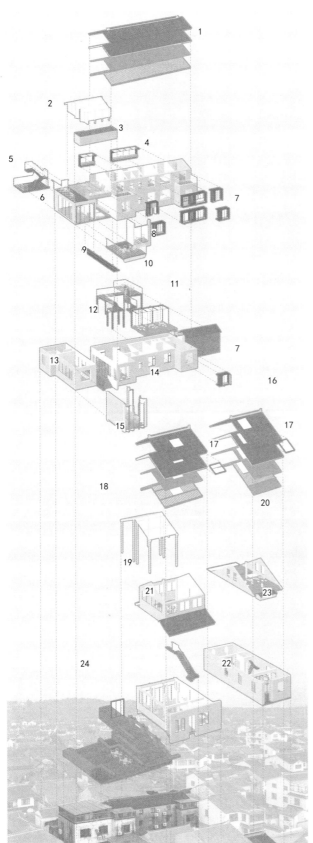

1 民宿屋面
2 民宿三层玻璃
3 民宿三层花圃
4 民宿三层飘窗
5 民宿二层观景台
6 民宿二层公共空间
7 金属窗框
8 民宿二层扩建
9 金属吊板
10 后院连廊
11 玻璃茶室
12 民宿门厅
13 厨房与后勤空间
14 用餐空间
15 餐厅屋面
16 咖啡厅屋面
17 采光天窗
18 庭院玻璃坡屋顶
19 餐厅二层
20 咖啡厅二层
21 餐厅楼梯
22 餐厅一层
23 咖啡厅一层
24 入口广场

改造策略分析

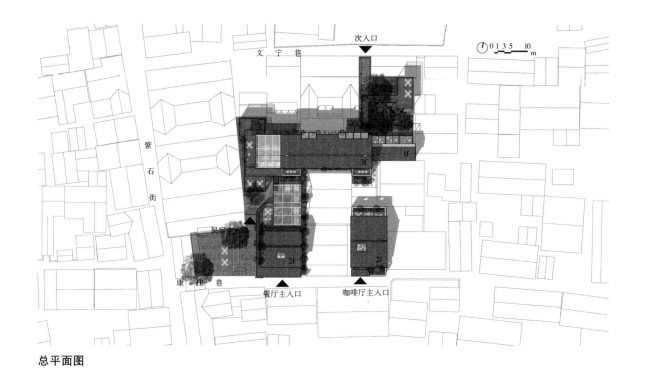

总平面图

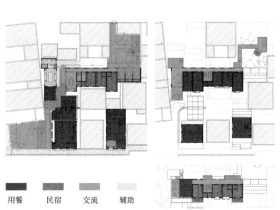

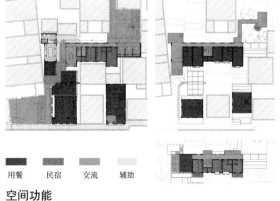

■ 用餐　　■ 民宿　　■ 交流　　■ 辅助

空间功能

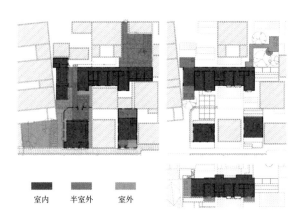

■ 室内　　■ 半室外　　■ 室外

空间性质

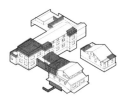

（1）拆除破坏风貌、功能不适应现状

（4）梳理庭院空间、三层观景台，加建玻璃坡屋顶与后院连廊、茶室

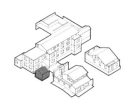

（2）将场地边一破旧单层建筑纳入改造范围

（5）立面梳理，材质统一，增加采光，并植入金属窗框系统

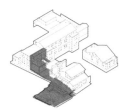

（3）梳理广场至民宿入口空间，民宿南侧局部加建

（6）屋面改造，餐厅与咖啡厅屋面改建天窗，民宿北侧新建飘窗

改造步骤分析

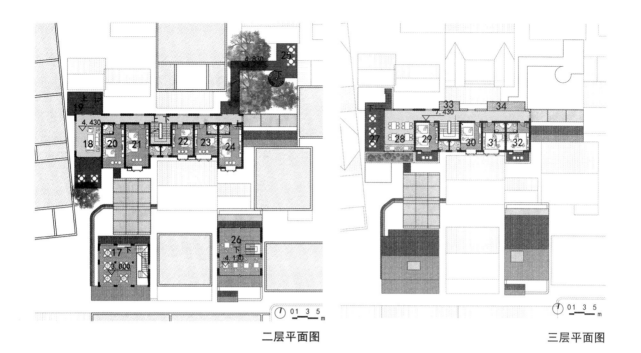

二层平面图

三层平面图

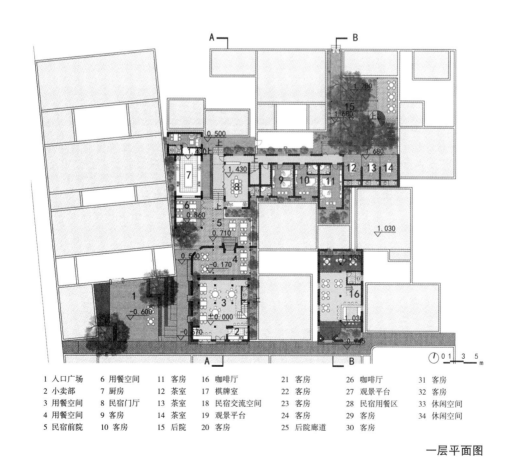

1 入口广场	6 用餐空间	11 客房	16 咖啡厅	21 客房	26 咖啡厅	31 客房
2 小卖部	7 厨房	12 茶室	17 棋牌室	22 客房	27 观景平台	32 客房
3 用餐空间	8 民宿门厅	13 茶室	18 民宿交流空间	23 客房	28 民宿用餐区	33 休闲空间
4 用餐空间	9 客房	14 茶室	19 观景平台	24 客房	29 客房	34 休闲空间
5 民宿前院	10 客房	15 后院	20 客房	25 后院廊道	30 客房	

一层平面图

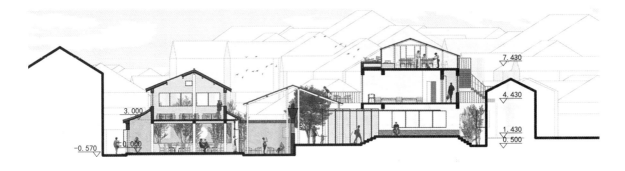

A-A 剖面图

B-B 剖面图

南立面图

北立面图

三层民宿改造策略为：以微改造的方式，在保持其基本结构不变的基础上，提升整体物理性能与舒适度。具体措施有：拆除原有玻璃顶棚；梳理屋顶、墙体、地板构造；客房处增加金属窗框系统；梳理三层阳台空间，加大采光与景观利用。

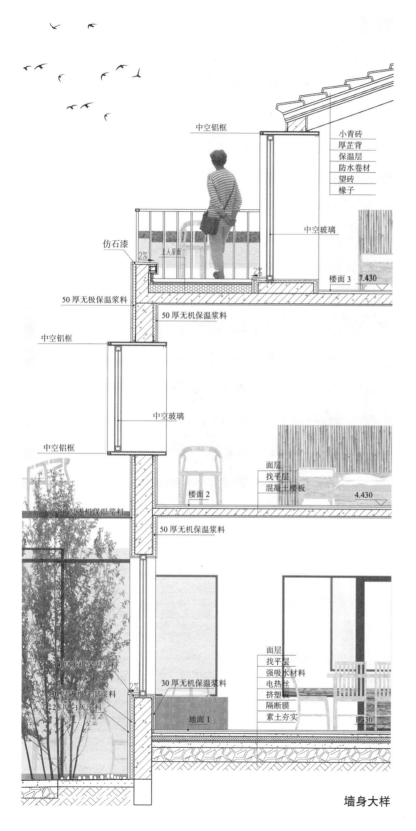

中空铝框

小青砖
厚芝背
保温层
防水卷材
望砖
椽子

中空玻璃

仿石漆

2%
上人屋面

2%

楼面 3   7.430

50 厚无极保温浆料

50 厚无机保温浆料

中空铝框

中空玻璃

中空铝框

面层
找平层
混凝土楼板

楼面 2   4.430

50 厚无机保温浆料

50 厚无机保温浆料

30 厚无机保温浆料

30 厚无机保温浆料

50 厚无机保温浆料

25 厚白灰涂料

2%

地面 1

面层
找平层
强吸水材料
电热丝
挤塑板
隔断膜
素土夯实

1.430

墙身大样

保留场地原有两棵枇杷树，拆除原有围墙后，新建台阶并植入座椅系统，梳理遂高堂与民宿入口之间的空间关系，成为多功能过渡入口广场

入口广场

餐厅拆除原有现浇楼梯，新建楼梯靠墙，使餐厅空间完整、通透，增加空间利用率并提升空间物理性能

餐厅一层

后院植入连廊与楼梯，配合枇杷采摘体验活动，并植入桌椅，为多功能休闲庭院，保留原有棋牌室格局，向外新建玻璃茶室，增加使用面积与采光，最大程度利用后院景观

后院

拆除室内隔墙，西面开窗增加采光与取景，内部拆除吊顶，提升室内舒适度，功能改为以棋牌为主的多功能娱乐室，屋面改造增加采光天窗，拆除吊顶后以木龙骨作为屋面内饰面

棋牌室

将民宿二层走廊末端打开，与后院连廊相连，以一二层相连公共空间激活后院空间

后院连廊

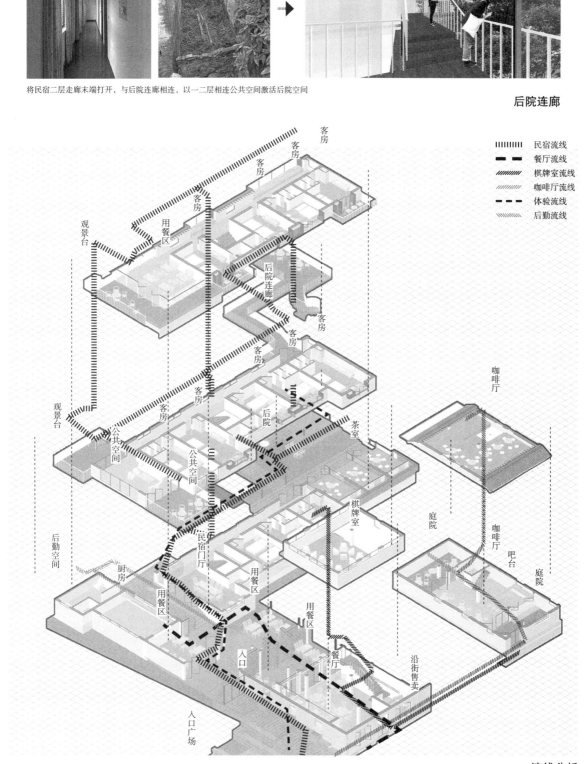

‖‖‖‖‖	民宿流线
▬ ▬ ▬	餐厅流线
/////	棋牌室流线
/////	咖啡厅流线
▬ ▬ ▬	体验流线
/////	后勤流线

客房
客房
客房
客房
观景台
用餐区
后院连廊
客房
客房
客房
客房
观景台
公共空间
公共空间
后院
茶室
咖啡厅
后勤空间
厨房
民宿门厅
用餐区
棋牌室
庭院
咖啡厅
吧台
庭院
用餐区
用餐区
入口
餐厅
沿街售卖
入口广场

流线分析

3.1.11 周铁传统村东西街桥头建筑改造

方案设计：袁玥、卜笑天

建筑位于周铁村十字街最东头，现为居住功能。住户原为一家庭，后因在外另购住处，此房屋常年空置。目前老年女主人因看病临时居住于此。近期旨在改善生活条件的同时，增加茶室功能；远期建议引导性改造为商业功能。

建筑区位

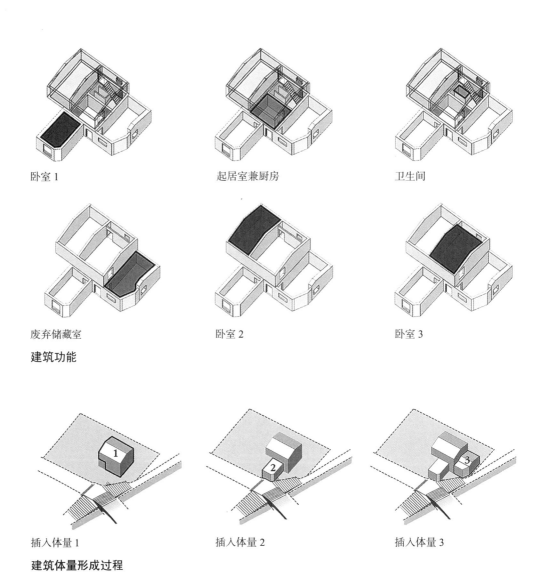

卧室 1　　　　起居室兼厨房　　　　卫生间

废弃储藏室　　　卧室 2　　　　卧室 3

建筑功能

插入体量 1　　　插入体量 2　　　插入体量 3

建筑体量形成过程

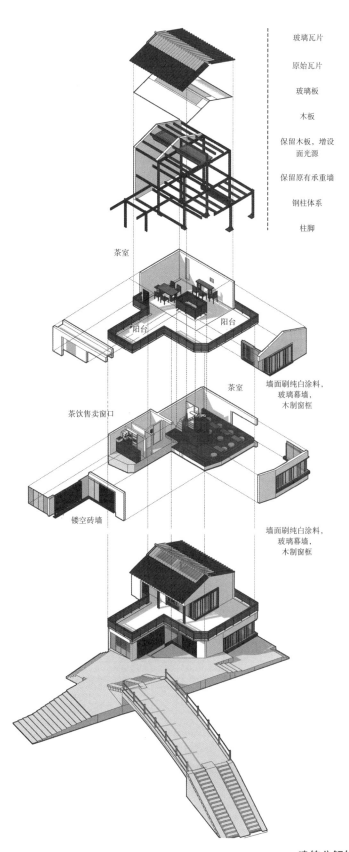

玻璃瓦片

原始瓦片

玻璃板

木板

保留木板，增设
面光源

保留原有承重墙

钢柱体系

柱脚

茶室

阳台　　　阳台

墙面刷纯白涂料，
玻璃幕墙，
木制窗框

茶饮售卖窗口

茶室

镂空砖墙

墙面刷纯白涂料，
玻璃幕墙，
木制窗框

建筑分解轴测图

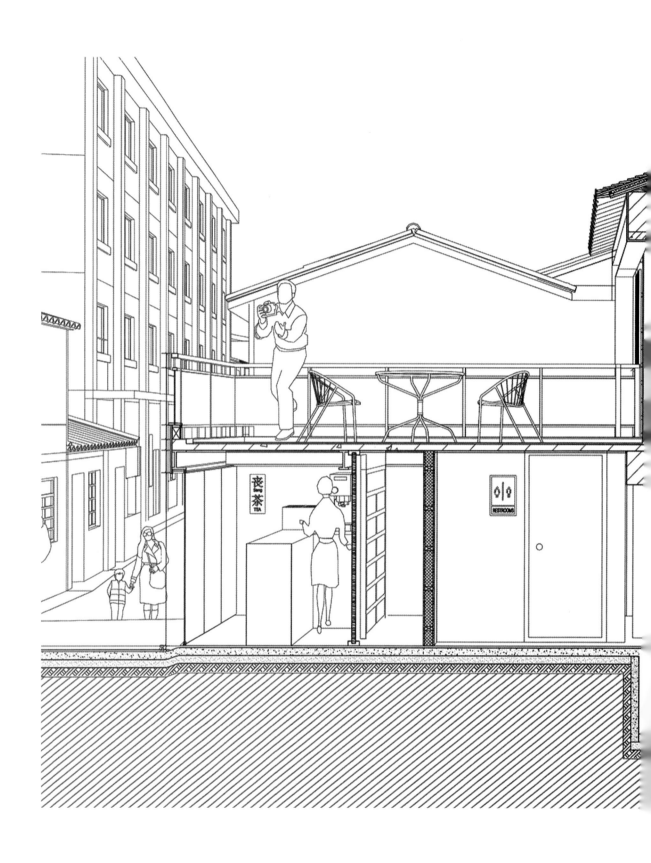

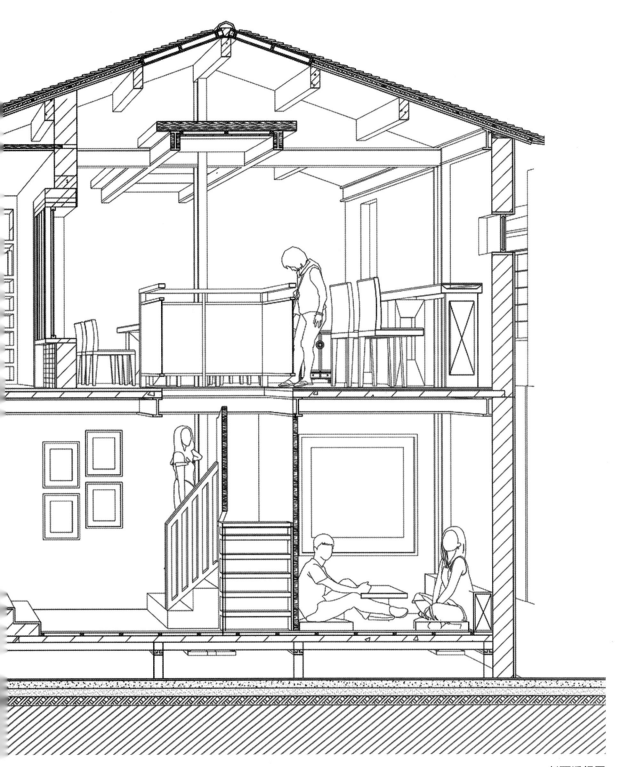

剖面透视图

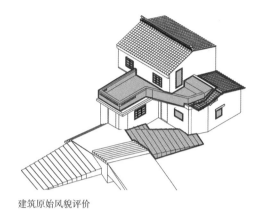

建筑原始风貌评价

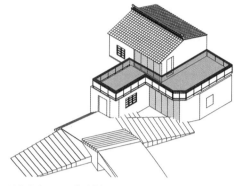

远期方案——观景平台打造，沿街面打开

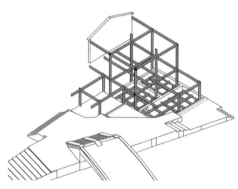

建筑置入钢结构，解放墙体

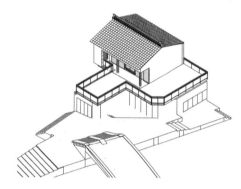

外墙拆除，墙体内移

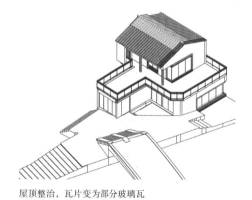

屋顶整治，瓦片变为部分玻璃瓦

墙面整治，镂空砖墙

建筑改造过程

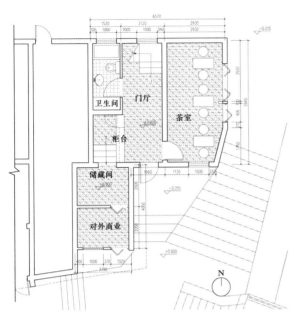

桥头建筑近期方案一层平面图

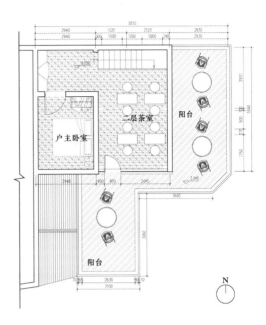

桥头建筑近期方案二层平面图

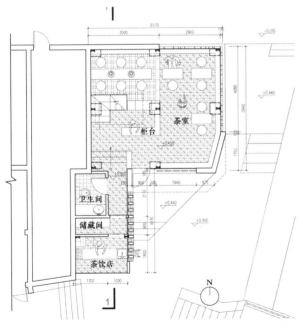

桥头建筑远期方案一层平面图

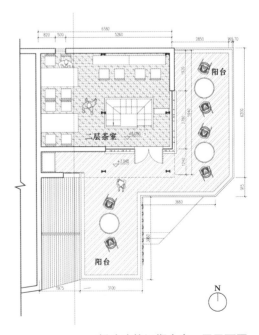

桥头建筑远期方案二层平面图

3.1.12　周铁传统村沿河滨水建筑改造（一）

　　方案设计：侯扬帆

　　待改造建筑位于周铁传统村横塘河西岸，该组建筑现居住三户村民，空置一户，另有公共卫生间。近期需对其中一户进行改造修缮，仍作为村民居住所用。整组建筑在远期规划中属于滨水商业休闲区，将实现花卉种植、售卖等休闲商业功能。

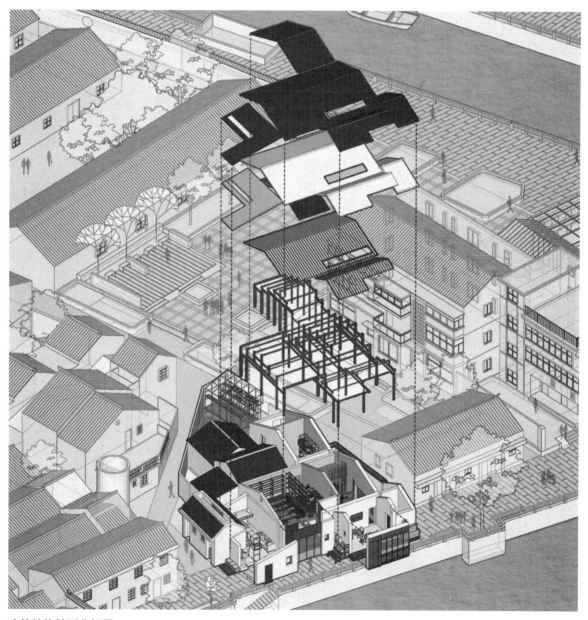

建筑结构轴测分解图

地块现状

建筑结构为传统木穿斗式体系，局部抬梁式，目前保存良好。局部加建建筑为砖墙承重，房屋密闭性差

由于多次加建，室内通风采光条件差，多靠天窗或狭小天井采光

功能流线混乱，加建部分仅作为走廊及储藏空间，后院杂乱拥挤

建筑现状

本方案的更新策略如下：

（1）近期

近期措施：

将空置部分置入商业功能，配合沿河滨水一带向商业带发展的趋势。住宅与相邻建筑重叠处新建砖砌体围护结构，采用混凝土屋面，形成完整气候边界。同时将南侧小天井加建屋顶拆除，屋顶设条形天窗。

（2）远期

远期措施：

建筑改造后成为滨水休闲商业带的业态之一，当地居民参与经营，为居民增加经济收入。

改造设计范围扩大，保留原有木结构并进行加固，使其成为主要承重构件。拆除加建部分，形成后院＋边院＋天井的室外空间体系。打通内部部分墙体，形成以售卖与展示为主的主体空间及用于休闲体验的辅助空间。

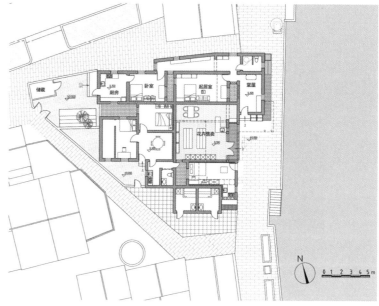

近期方案平面图

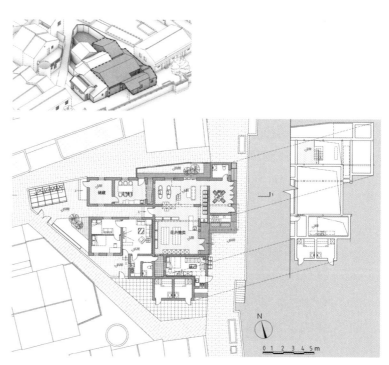

远期方案平面图

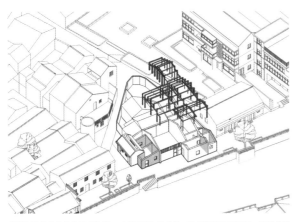

使用原有木结构作为承重构件。对公厕旁加建住宅，重新砌筑砖墙承重，并形成完整围护结构

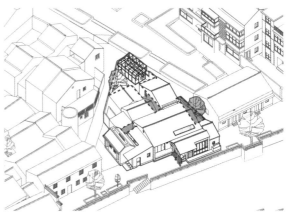

拆除加建屋顶，恢复原有天井，形成一条状边院，并打通商店与后院空间

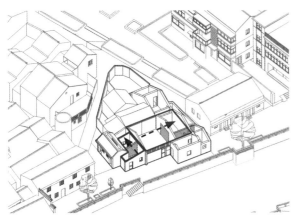

拆除部分隔墙，使狭小的居住空间使用更加方便。远期方案将大空间及天井打通，整合成零售及商品展示空间

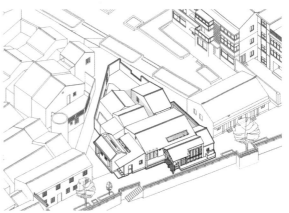

将商店外立面大面积打开作为展示面。居住空间增加天窗；商店原有天井纳入室内并设天窗

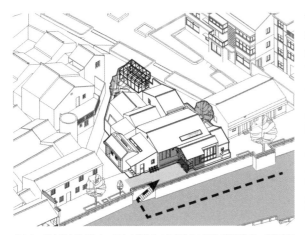

花店入口结合码头形成节点，配合出檐及入口空间的灰空间形成游客休憩、观赏空间

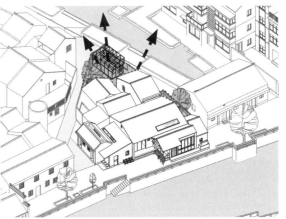

后院作为花店种植空间，院墙局部向外打开，使院落景观朝向生活广场

改造过程

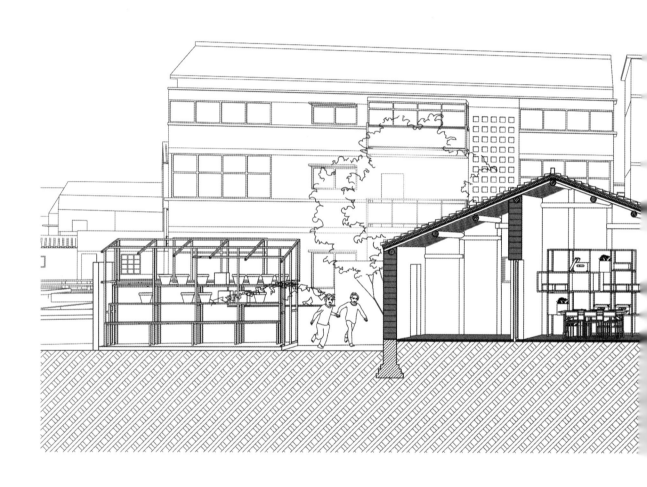

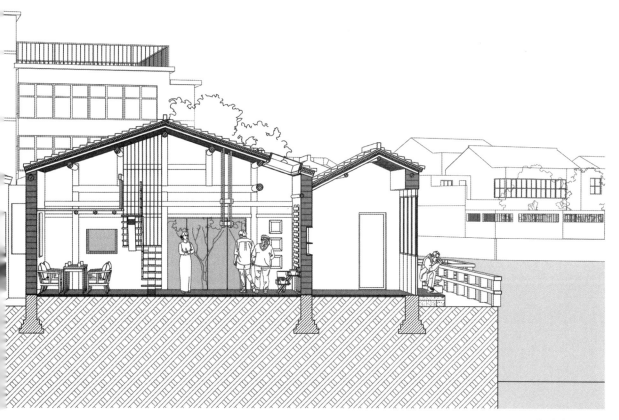

远期方案剖面图

3.1.13 周铁传统村沿河滨水建筑改造（二）

方案设计：刘源科

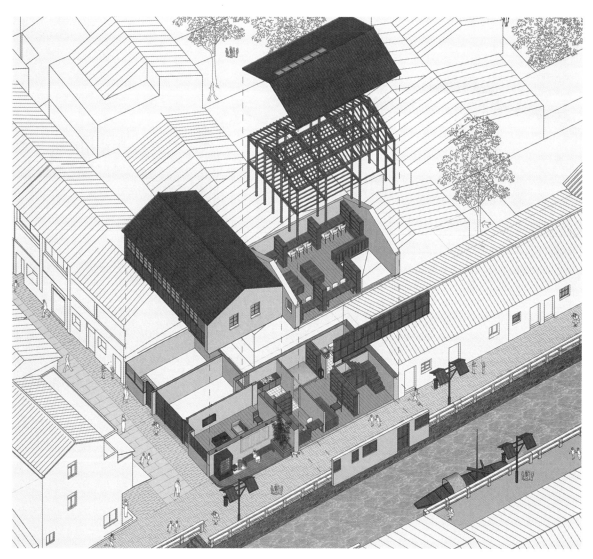

轴测分解图

房屋现状

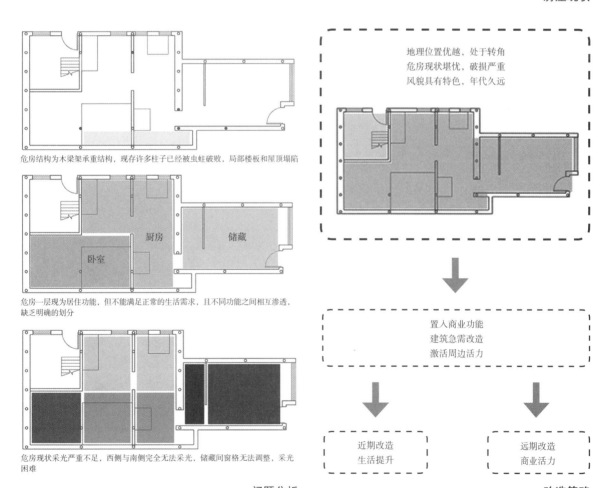

危房结构为木梁架承重结构，现存许多柱子已经被虫蛀破败，局部楼板和屋顶塌陷

危房一层现为居住功能，但不能满足正常的生活需求，且不同功能之间相互渗透，缺乏明确的划分

危房现状采光严重不足，西侧与南侧完全无法采光，储藏间窗格无法调整，采光困难

问题分析

地理位置优越，处于转角
危房现状堪忧，破损严重
风貌具有特色，年代久远

置入商业功能
建筑急需改造
激活周边活力

近期改造
生活提升

远期改造
商业活力

改造策略

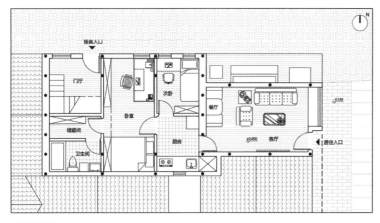

一层平面图

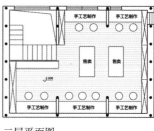

二层平面图

近期改造

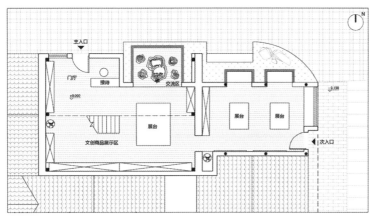

一层平面图

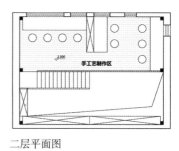

二层平面图

立面图

现状　　拆解

匹配　　装配

生活　　商业

百叶改造

远期改造

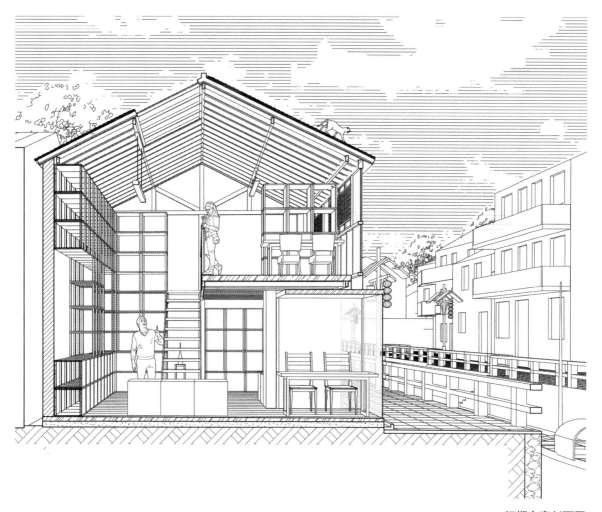

远期方案剖面图

3.2 旅馆

3.2.1 周铁传统村十字街商住楼改造

方案设计：乔畅

建筑效果图

基地位置

周边情况

设计选取周铁传统村十字街口1970年代商住楼为改造对象。该楼布局、平面、剖面、功能流线组织等均有较为典型的1970年代商住建筑特征，对其进行活态化保护利用具有一定的示范意义。

设计从发展条件分析出发，首先确定发展定位，制定"三生"视角下的发展目标；再根据对现状问题的总结研判，提出产业活态化、空间活态化、文化活态化的发展策略；最终营造一个创客、游客、居民三种人群共同使用、和谐共生的场所。

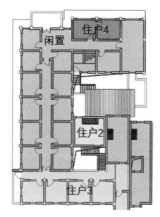

建筑权属

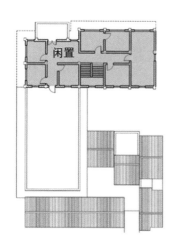

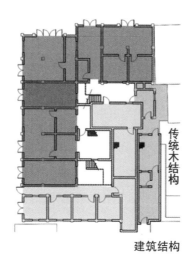

建筑结构

区位：十字街口	辐射范围大		功能单一	
功能：原旅馆、书画家故居	保存有相关记忆		建筑过于密集	
空间：建筑形式、年代多样	满足不同空间需求	周铁联创公社	缺乏公共空间	
周边建筑：对面为大型展销空间	协同发展		结构破败	

农村产业结构转型升级需求

发展条件　　　　现状问题

通过打开空间、重组交通、创造场所对原建筑群空间进行改造
设计，激活场所活力，改善空间品质。

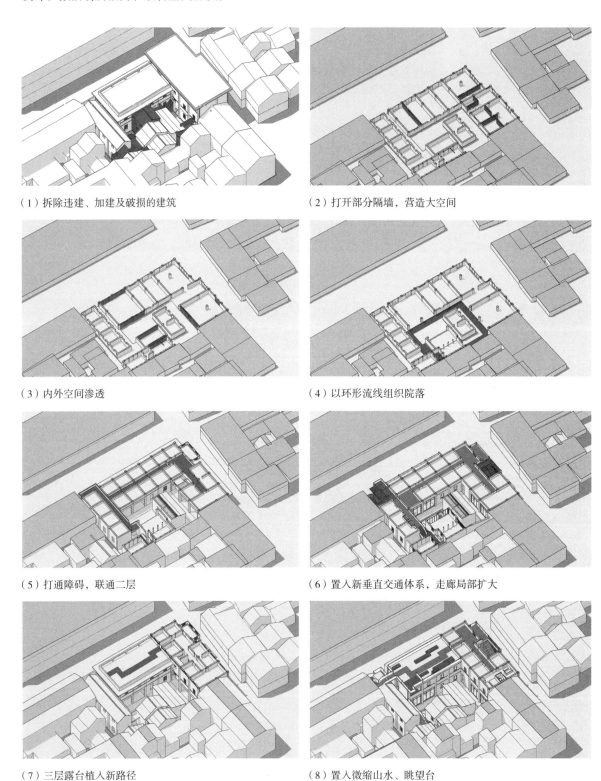

（1）拆除违建、加建及破损的建筑

（2）打开部分隔墙，营造大空间

（3）内外空间渗透

（4）以环形流线组织院落

（5）打通障碍，联通二层

（6）置入新垂直交通体系，走廊局部扩大

（7）三层露台植入新路径

（8）置入微缩山水、眺望台

改造策略

为满足改造后空间需求，重新组织原有交通，本方案局部置入了新的结构。为强化新老建筑间的差异、便于施工，新置入的结构基本采用钢结构。

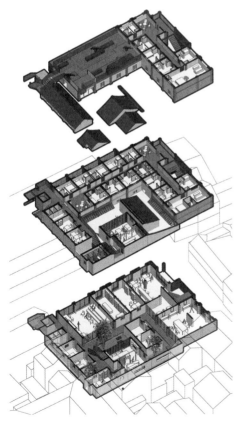

各层轴测

置入结构分析

小青瓦

钢结构楼梯

双层 Low-E 玻璃

铝百叶

焊接钢板

钢结构电梯井

钢结构屋架

拆除

拆除

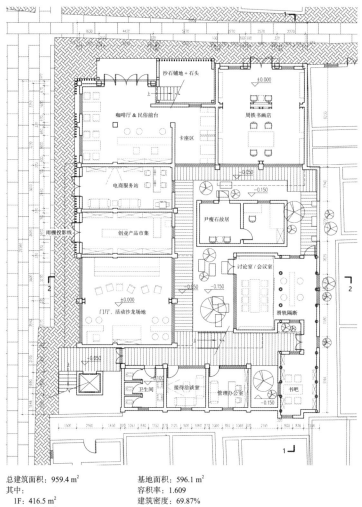

沙石铺地 + 石头

咖啡厅 & 民俗前台

卡座区

周铁书画店

±0.000

电商服务站

尹瘦石故居

创业产品市集

雨棚投影线

讨论室 / 会议室

滑轨隔断

门厅、活动沙龙场地

±0.000

卫生间

接待洽谈室

管理办公室

书吧

一层平面图

总建筑面积：959.4 m²
其中：
　1F：416.5 m²
　2F：389.3 m²
　3F：153.6 m²

基地面积：596.1 m²
容积率：1.609
建筑密度：69.87%
层数：3 层
建筑高度：10.95 m

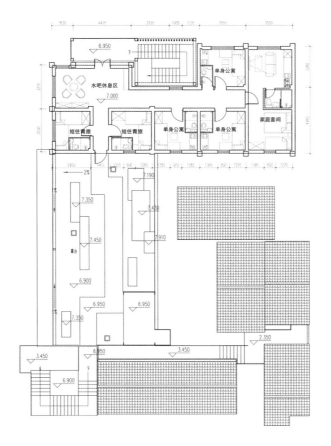

三层平面图

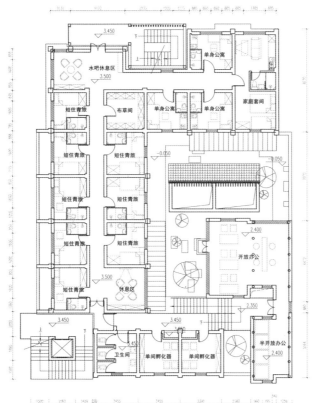

二层平面图

原建筑群主要由传统民居建筑和建于 1970 年代的商住楼组成。首先梳理院落，在改善室内外关系的同时强化由内向外的空间层层渗透；再根据不同年代建筑空间尺度、氛围的差异，营造特色各异的场景，并建立空间之间的对望关系。

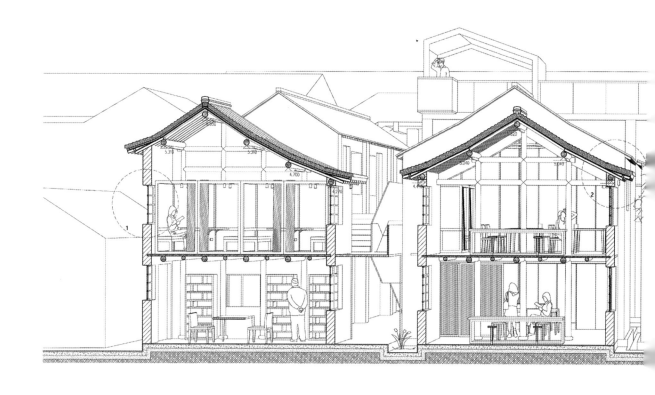

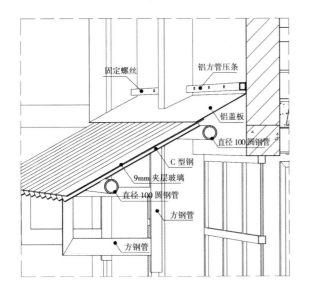

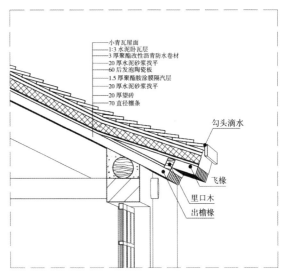

固定螺丝　　　铝方管压条

铝盖板

直径 100 圆钢管

C 型钢

9mm 夹层玻璃

直径 100 圆钢管

方钢管

方钢管

小青瓦屋面
1:3 水泥卧瓦层
3 厚聚酯改性沥青防水卷材
20 厚水泥砂浆找平
60 后发泡陶瓷板
1.5 厚聚酯胺涂膜隔汽层
20 厚水泥砂浆找平
20 厚望砖
70 直径椽条

勾头滴水

飞椽

里口木

出檐椽

节点构造

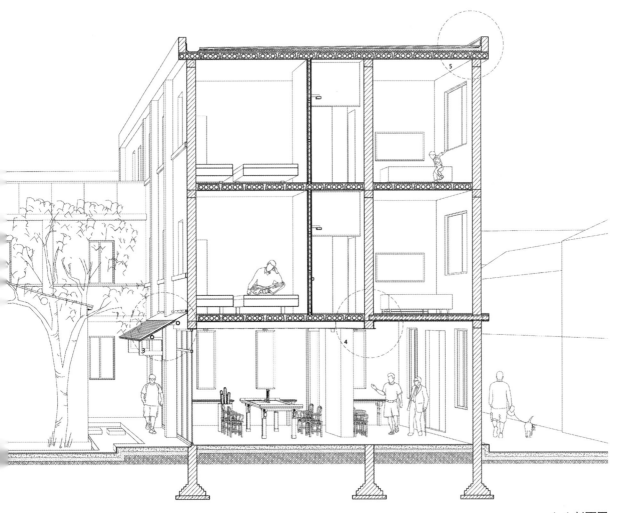

1-1 剖面图

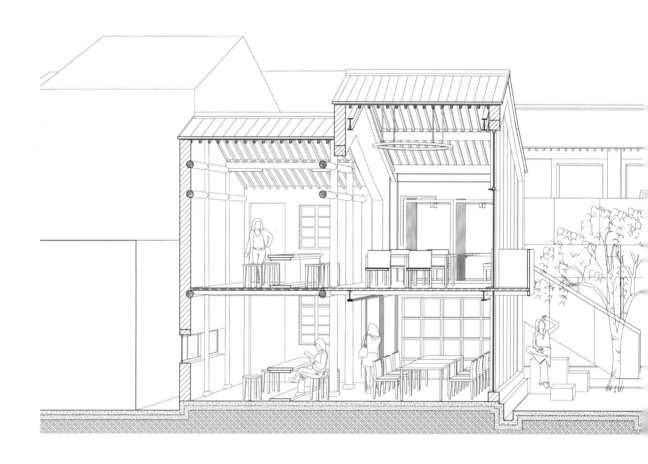

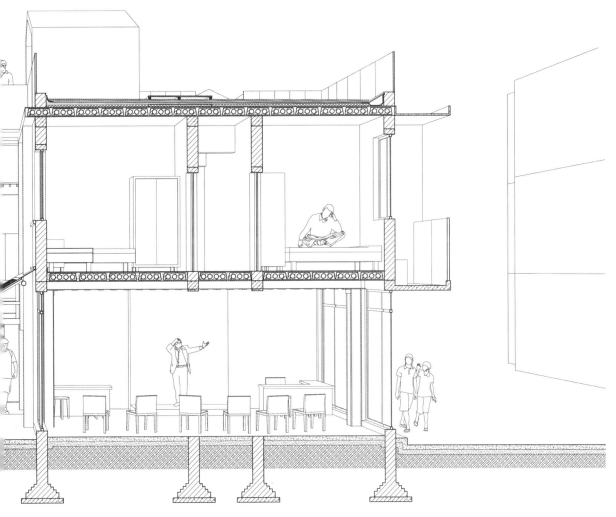

2-2 剖面图

3.2.2　周铁传统村集合住宅改造

方案设计：吴正浩

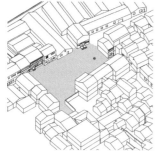

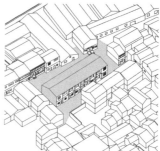

1950 年代以前：以生活水井为核心的生活生产社交空间

1950 年代—1970 年代：以供销社职工篮球场为核心的生活运动社交空间

1970 年代至今：集合住宅建筑巨大的体量将周遭的院落空间联系打断

历史沿革

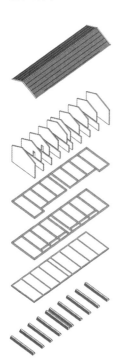

建筑西侧二层有室外连廊，部分住户创造了灰空间入户空间，有的向外拓展院落

建筑东侧、北侧、南侧对街道态度消极，没有任何座椅、灰空间等公共活动物质载体

1970 年左右建造，为砖混结构，主要为横墙承重，目前建筑状况良好，建筑可以看作两个砖混圈梁系统的建筑

产权属于公房，为出租集合住宅

结构分解图

建筑现状研究

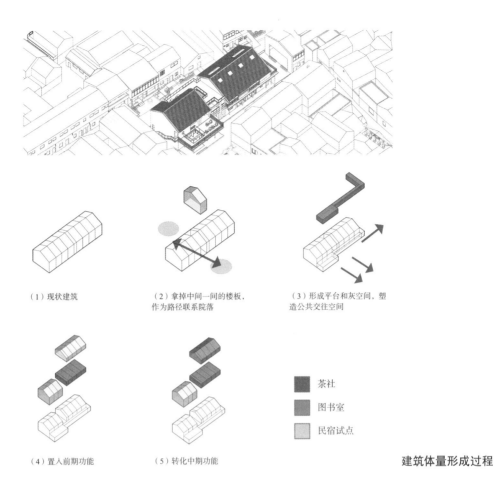

（1）现状建筑

（2）拿掉中间一间的楼板，作为路径联系院落

（3）形成平台和灰空间，塑造公共交往空间

（4）置入前期功能

（5）转化中期功能

■ 茶社

■ 图书室

□ 民宿试点

建筑体量形成过程

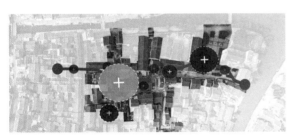

节点作为公共生活街的重要节点，将建筑功能转化为公共建筑，拉结周边公共空间，为村民提供室内外公共社交空间

节点院落 水井广场 废墟花园

民宿试点

近期：提供茶舍、公共图书室功能，并提供少量民宿作为民宿经济试点间

民宿 茶社 图书室

远期：民宿功能外移，节点提供茶舍、公共图书室等功能间

建筑近远期规划

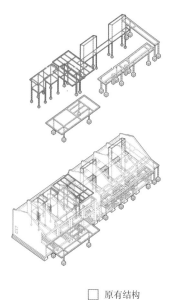

1 清理建筑内部自建非承重墙体，保留情况良好的立面，形成设计基础

2 去掉中部楼梯北侧一间的预制楼板，形成院落空间，联系两个院落

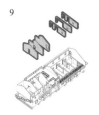

3 功能分置，南侧为茶舍，北侧为图书室与酒店。设置多出入口以对应场地人流

8 酒店图书室功能块植入天井空间，以增加内部采光、通风、景观，同时划分面状空间和线性空间

9 在保留间的格局下，室内局部开洞，以门式钢架加固

10 酒店部分利用原有的排水系统，置入洗浴模块

□ 原有结构

■ 新置入结构

4

去掉西侧阳台预制楼板，加建三个钢结构平台以形成新的平台空间和檐下空间

5

地面铺地限定檐廊空间，沿着建筑布置室外花池和座椅

6

民宿和图书室内空间利用原有的直跑楼梯上下，茶舍空间增加室外楼梯，联系首层和二层

7

中部庭院置入平台空间以联系两个主要功能空间，同时生成垂直向的户外休闲空间

11

根据坡屋顶，置入定制的 Loft 模块，并局部开设天窗

12

保留大部分建筑原有外立面，更换外窗提升建筑性能

13

置入书柜台阶模块，联通 Loft 空间成为趣味阅读空间

拆除民宿的水管模块，形成走道空间

14

建筑改造策略

改造后效果图

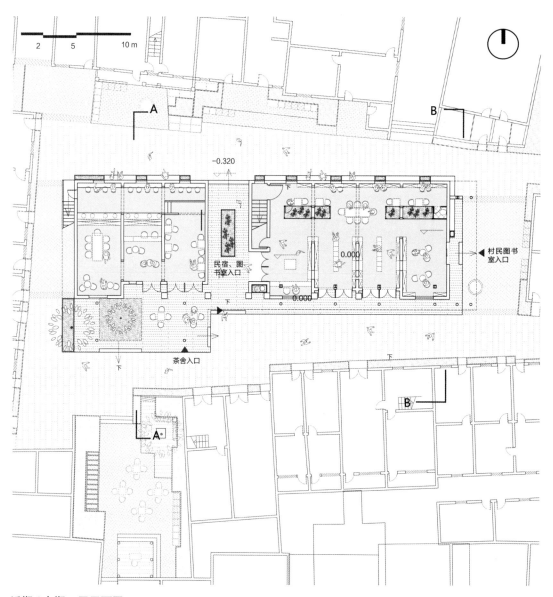

2　5　10 m

A

B

−0.320

民宿、图书室入口

茶舍入口

0.000

0.000

村民图书室入口

B

A

近期／中期一层平面图

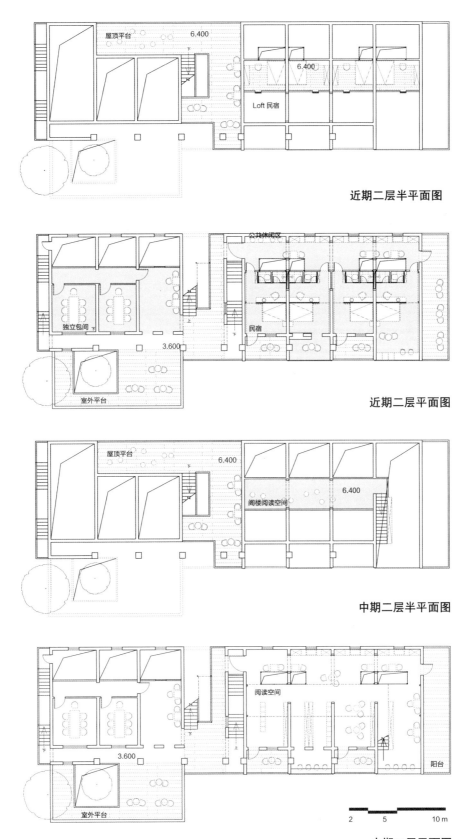

屋顶平台　　　　　6.400

Loft 民宿　6.400

近期二层半平面图

公共休闲区

独立包间　　3.600

民宿

室外平台

近期二层平面图

屋顶平台　　　　6.400

阁楼阅读空间　　6.400

中期二层半平面图

3.600

阅读空间

室外平台　　　　　阳台

2　　5　　　10 m

中期二层平面图

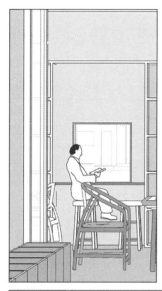

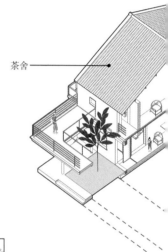

茶舍

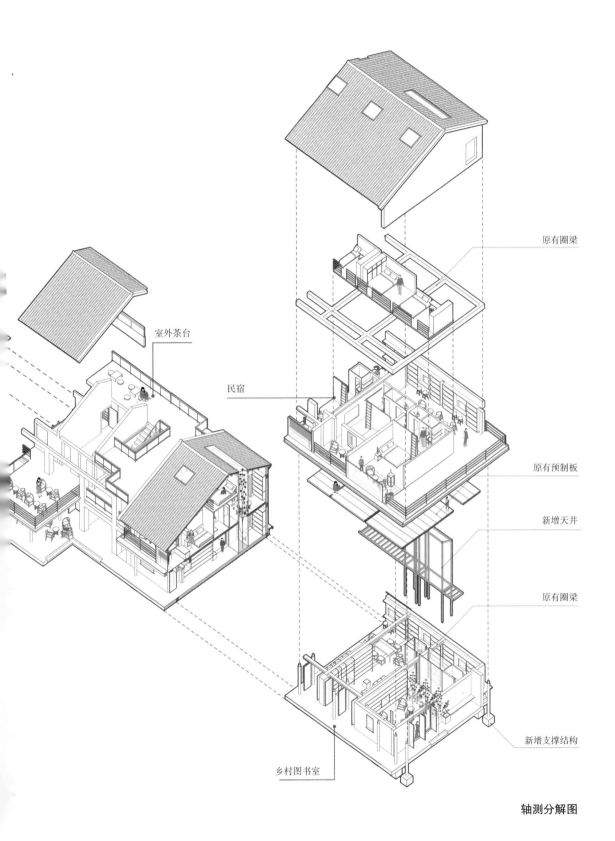

室外茶台

民宿

原有圈梁

原有预制板

新增天井

原有圈梁

新增支撑结构

乡村图书室

轴测分解图